매일
다이어트
레시피

자극적이지 않아도 충분히 맛있는 식단

매일 다이어트 레시피

이정민 지음

Daily

Diet

Recipe

니들북

건강한 저염식 식단을 많은 사람들에게 소개하고 싶은 마음에 펴낸 첫 번째 책 『내 몸에 착한 매일 저염식』에 이어 두 번째 책을 내게 되었습니다. '건강한 몸'에 관심을 갖게 되고, 건강을 되찾고 지키기 위한 저의 노력이 시작된 것이 제 인생의 큰 전환점이었습니다. 꾸준한 식단 관리와 우리 몸에 대한 공부를 통해 지난 몇 년간 저는 더욱 건강해졌습니다.

　두 번째 책의 감회는 남다르지만, 저의 건강한 요리 레시피를 나누고자 하는 마음은 처음 책을 펴낼 때와 같습니다. 건강 관리를 위한 식단 조절의 필요성을 처음 느꼈을 때는 그 필요성은 알지만 어떤 식단 구성으로 어떤 메뉴들을 만들어 먹어야 하는지 막막하기만 할 뿐이었습니다. 어렵지만 천천히 그리고 꾸준히 건강을 되찾기 위한 많은 노력의 결과는 이전보다 더 소중히 느껴지는 '건강한 삶'이었습니다. 섭취 영양 성분을 조절하고 건강한 식재료들로 직접 만들어 먹는 철저한 식단 관리를 꾸준히 유지한 덕에 건강한 몸으로 되돌아올 수 있었습니다.

　다이어트라는 단어는 우리나라에서는 특히 '체중 감량'의 의미를 가지지만 저는 그렇게 생각하지 않습니다. '식단'의 영어 표현이 '다이어트diet'이듯이 건강을 위한 전체적인 '식단 관리'라는 측면에서 접근하는 게 맞습니다.

　물론 현대 사회에서는 건강한 몸을 위해 체중 감량이 우선되어야 하는 경우가 많습니다. 비만 및 과체중 그리고 각종 질환 등을 고치기 위해서는 적절한 체중 유지가 필수적입니다. 그렇기 때문에 체중을 줄이기 위한 저칼로리 음식들을 찾아 먹는 일이 중요한 것도 사실입니다. 하지만 무조건적으로 수치상의 체중을 줄이기 위해 굶거나 낮은 칼로리의 음식만을 고집하는 것은 옳은 방법이 아닙니다. 균형 잡힌 영양 성분으로 구성된 건강한 식단을 꾸준히 유지하는 것이 다이어트의 옳은 방향이라 생각합니다.

체중 감량을 비롯하여 우리 몸을 더 건강하게 관리할 수 있는 비법으로는 꾸준한 식단 관리와 운동이 가장 중요합니다. 그 필요성과 효과를 경험한 한 사람으로서 저의 식단을 채웠던 요리들이 정보가 필요한 분들에게 도움이 되었으면 합니다. 첫 번째 책은 저염식에 집중된 요리 레시피들이었고, 두 번째 책은 저염식을 기반으로 한 좀 더 포괄적인 저칼로리 다이어트 요리 레시피들로 구성되었습니다. 섭취 칼로리를 낮추는 데 가장 기본이 되는 저염식 조리법에 탄수화물, 단백질, 지방의 균형적인 영양 성분을 고려한 저칼로리 메뉴를 선정했습니다. 저염식 요리법에 대한 정보가 필요하신 분들과 더불어 저칼로리 다이어트 요리법에 대한 정보를 찾는 분들께 도움이 되었으면 좋겠습니다.

이 책이 나오기까지 도움을 주신 분들께 감사드립니다. 첫 번째 책에 이어 두 번째 책도 세상에 빛을 보게 도와주신 대원씨아이 관계자 분들께 감사의 말씀을 드립니다.

건강한 몸과 정신으로 살아갈 수 있다는 것이 얼마나 큰 행복인지 깨닫게 된 시간을 되돌아봅니다. 지금의 제가 있을 수 있었던 것은 사랑하는 가족들의 힘이 가장 컸습니다. 항상 옆에서 무한한 사랑을 보여주시는 송은숙 여사님, 출판 작업을 할 수 있도록 지원해주신 이원혁 님, 잘 살길 바라는 동생 부부 그리고 든든한 버팀목이 되어주는 전대균 님. 모두 고맙고 사랑합니다.

2019년 봄
이정민

contents

Part 1 ●

가볍고 간단하게
다이어트
샐러드 &
애피타이저

● Part 2

언제 어디서나
다이어트
도시락

● Part 3

속 든든한
다이어트
일품요리

Part 4

후루룩 한 끼
다이어트
면 요리

● Part 5

맛 & 영양 만점
다이어트
고단백 요리

● Part 6

달콤한 저칼로리
다이어트
빵 & 떡

Special Part

다이어트가
쉬워지는
시크릿 레시피

성공적 다이어트 포인트 5가지

꾸준함이 답이다

흔히들 다이어트 식단 하면 퍽퍽한 닭가슴살과 삶은 달걀 그리고 맛없는 풀들만 먹는 극단적인 식단을 떠올리곤 합니다. 작은 고구마 하나도 벌벌 떨면서 먹고 하루 한 끼만을 그것도 과일로 때우는 식단은 극한의 허기짐을 참아내야 하는 고통을 수반합니다. 과연 이러한 것들이 '알맞은 다이어트'라고 할 수 있을까요?

극단적인 칼로리 제한 식단은 꾸준히 유지하기 쉽지 않으며 오히려 요요 현상의 주범이 됩니다. 장기적인 시각에서 보면 오히려 체중 증가를 유발할뿐더러 건강을 상하게 합니다. 맛있는 음식에 대한 욕구를 인위적으로 억제함으로써 불만이 쌓이고 이는 갑작스런 요요 현상으로 이어지기 쉽습니다. 또한 지겨운 식단에 질릴 대로 질린 상태의 몸은 무절제한 식단을 맛보는 순간 걷잡을 수 없이 통제를 벗어나게 됩니다.

가장 근본적인 다이어트의 성공 포인트는 꾸준함입니다. 다시 말해, 단기간에 체중을 줄여 끝나는 과정이 아니라 앞으로 남은 수많은 날들을 건강한 식단을 통해 채움으로써 나아가 전체적인 생활 습관까지 건강하게 바꾸는 것입니다. 이와 같은 꾸준함을 유지할 수 있는 다이어트 식단 레시피의 포인트들을 이 책에서 소개합니다.

3저(低)식에 신경 쓴다

저염, 저칼로리, 저탄수화물의 기본 3저 원칙을 지키는 것이 중요합니다. 이 3요소는 평소 먹는 대로 먹으면 '과하고 넘치게' 섭취하게 되는 것들이기도 합니다. 우리가 일반적으로 먹는 밥과 빵, 면 등으로 구성된 식단은 대부분 고탄수화물을 함유하고 있습니다. 또한 보통 '맛있다'고 느껴지는 맛은 우리의 미각을 자극할 만큼 고열량과 고염으로 이루어지곤 합니다. 자극적인 맛에 익숙해진 혀는 계속해서 더 강한 맛을 찾고, 더 짜고 더 달고 칼로리가 더 높은 음식만을 원하는 악순환에 빠집니다. 앞에서 언급한 3가지 요소들을 아예 안 먹을 수는 없지만 되도록 적게 먹을 수 있는 방법으로 식단을 구성하는 것이 건강한 몸을 만드는 지름길입니다.

만들기 쉬운 것으로 요리한다

거창한 요리를 한 번 정도는 만들어 먹을 수 있어도 매일 매끼를 차려 먹는 것은 힘듭니다. 식사를 할 때마다 번거로운 과정을 거치는 것은 부가적인 시간과 비용 그리고 노력을 요합니다. 밥상 차리기는 것도 귀찮아 간단한 라면으로 한 끼를 때운 경험이 한 번쯤 있을 것입니다. 만들고 준비하는 과정이 복잡하고 어려우면 그 식단을 꾸준히 유지하는 게 힘들기 마련입니다. 그러니 '만들기 쉬운' 요리로 항상 건강하게 챙겨 먹는 것에 중점을 둡니다. 이 책에는 구하기 쉬운 재료들로 요리 초보도 쉽게 따라 만들 수 있고, 조리 과정 또한 간편하고 쉬운 레시피가 실려 있습니다.

세끼를 모두 챙겨 먹는다

체중계의 숫자를 낮추는 데만 집중해 극단적으로 섭취량을 줄이거나 굶는 방법을 택하는 것은 알맞은 방법이 아닙니다. 체중을 줄이는 데 목표가 있더라도 이 방법은 어차피 이후에 따라오는 요요 현상으로 인해 오히려 체중이 증가할 수 있고, 반복되는 요요 현상으로 살이 더 잘 찌는 체질로 바뀔 수도 있습니다.
생으로 굶는 시간 동안 우리의 몸은 영양소가 제때 공급되지 않는 것을 위험 신호로 인식합니다. 굶주린 위장은 간간이 들어오는 음식들을 놓치지 않고 최대한 몸속에 저장하려고 사력을 다합니다. 언제 또 영양분이 들어올지 모르는 위험 상태를 대비하기 위해서입니다. 이 과정을 통해 먹는 족족 잉여 영양분이 몸에 쌓이는 악순환이 반복됩니다.
세끼를 모두 챙겨 먹으며 언제나 제시간에 영양분이 잘 섭취되고 있으니 따로 잉여분을 저장할 필요가 없다는 신호를 보내 우리 몸에서 알게 하는 것이 중요합니다.

다양한 조리법을 사용한다

매번 먹는 음식이라도 같은 식재료를 다양한 조리법으로 요리해 먹으면 질리지 않고 꾸준히 먹을 수 있습니다. 단, 고칼로리 조리법 대신 저칼로리로 건강하게 섭취할 수 있는 조리법을 지키며 다양한 레시피를 시도한다면 다이어트 식단 또한 언제든 맛있게 먹을 수 있습니다.

성공적 다이어트 레시피 포인트 3가지

저염식이 중요하다

소금으로 대표되는 나트륨은 우리 몸을 구성하는 필수 성분이기도 하면서 과한 경우 많은 악영향을 끼칠 수 있습니다. 고염식 식사와 고혈압, 고지혈증, 심혈관 질환 같은 각종 성인병의 관계는 상당히 높은 것으로 알려져 있습니다. 또한 나트륨이 체내의 수분이 배출되는 현상을 막아 부종을 유발해 다이어트에도 좋지 않습니다. 부종은 근육 생성을 방해하는 동시에 기초 대사량을 저하시킵니다. 게다가 지속적인 짠 음식 섭취로 혀가 자극적인 맛에 길들여지면 계속해서 다른 짠 음식을 원하게 되어 폭식과 과식으로 이어질 수 있습니다. 지나치게 짠 음식을 경계하도록 합니다.

다양한 재료와 향신료를 이용한다

다이어트 식단이 맛없다는 편견을 깨는 일등공신은 바로 다양한 향신료입니다. 보통 고칼로리 음식이 맛있다는 것은 다양한 맛을 느낄 수 있음을 의미하기도 합니다. 일반적인 다이어트 식단이라 하면 간이 없어 밍밍하고 심심한 맛이 연상되기 쉽습니다. 이 책은 그러한 편견을 깨고 다양한 식재료와 향신료를 활용해 먹는 재미를 느낄 수 있는 요리를 만들 수 있게 했습니다.

전통적인 한식은 고염 재료인 소금과 간장, 고추장 등으로 맛을 내는 경우가 많습니다. 양식은 고열량 재료인 버터, 오일, 밀가루 등이 다량으로 사용됩니다. 다이어트 식단의 경우 이를 경계하고 저염, 저열량의 조건을 충족시키면서 그 맛을 대체할 만한 식재료들을 활용해야 합니다.

컬러 푸드를 적극적으로 활용한다

각자의 몸 상태가 모두 다르듯 필요한 영양소들도 다르기 마련입니다. 여러 가지 색깔의 컬러 푸드는 색과 성분에 따라 맛도, 영양도 제각각입니다. 그러니 내 몸 상태를 꼼꼼히 체크한 후 자신에게 필요한 것들을 중점적으로 섭취합니다. 예를 들어, 신장 질환자의 경우 칼륨 배설 능력에 문제가 있기 때문에 시금치, 토마토, 수박, 참외 등 칼륨 함량이 높은 식품들은 조심해야 합니다. 또한 당뇨 환자의 경우 많은 과일을 섭취하는 것은 혈당을 급속도로 올리므로 주의해야 합니다.

다양한 컬러 푸드들을 적극적으로 활용하되 내 몸이 무엇을 필요로 하는지 그리고 무엇을 조심해야 하는지 잘 살펴보고 똑똑하게 식재료를 선택합니다.

• 검은색

블랙 푸드의 주성분인 안토시아닌은 면역력과 기력 회복에 좋습니다. 또한 콜레스테롤 수치를 낮춰주고 심혈관 질환이나 암 예방에도 효과가 있습니다.

대표 재료 | 검은콩, 흑미, 검은깨, 메밀

● **초록색**

그린 푸드의 엽록소 성분은 체내 노폐물 제거에 탁월한 기능을 합니다. 간과 폐 건강에도 도움을 줘 술, 담배가 잦은 성인들에게 특히 효과가 있습니다.

대표 재료 | 브로콜리, 상추, 케일, 녹차

● **하얀색**

화이트 푸드의 항염 및 항암 효능은 널리 알려져 있습니다. 다양한 세균에 맞서고 면역력을 높이는 데 효과가 있습니다.

대표 재료 | 마늘, 양파, 콩

●빨간색

레드 푸드는 심장 및 혈관 건강에 좋고 암이나 동맥 경화 예방에 도움이 됩니다. 또한 항노화 효과가 있어 몸의 활력을 높여 줍니다.

대표 재료|토마토, 사과, 고추, 석류

●보라색

퍼플 푸드는 항산화 작용을 해 뇌졸중이나 뇌 질환에 좋습니다. 안토시아닌 성분은 암세포 증식을 막는 데 효과가 있다고 알려져 암 환자들에게 추천되곤 합니다. 식욕을 억제시키는 효과도 있습니다.

대표 재료|가지, 포도, 블루베리, 자두

• 주황색

오렌지 푸드의 알파카로틴, 베타카로틴, 크립토크산틴 등은 소화 작용을 왕성하게 합니다. 또한 비타민C 함량이 높아 면역력을 높여주고 피부 건강에도 직접적인 영향을 전달합니다. 감기 예방은 물론 눈의 피로 저하에도 도움을 줍니다.

대표 재료 | 당근, 오렌지, 연어

• 노란색

옐로 푸드의 카로티노이드 성분은 체내에 섭취되어 비타민A로 전환됩니다. 더불어 풍부한 비타민C는 면역력을 높이고 항산화 작용을 해 조기 노화와 암, 심장병 질환으로부터 세포를 보호해 줍니다.

대표 재료 | 바나나, 레몬, 카레, 옥수수

저염식 조리법 1

국물을 조리할 때
○ 소금보다는 다양한 천연 재료(다시마, 멸치, 건새우, 무, 양파, 표고버섯 등)를 우려낸 육수를 사용합니다.
○ 특유의 향과 맛을 내는 채소(미나리, 쑥갓, 깻잎, 고추)를 사용하여 다양한 맛을 냅니다.
○ 짠맛 대신 식초, 레몬즙 등을 활용한 신맛으로 나트륨을 줄인 음식의 맛을 보완합니다.
○ 들깻가루, 콩가루 등을 활용해 고소한 맛을 살려 짠맛의 빈자리를 메웁니다.
○ 음식의 간은 가장 마지막에 합니다.

육류를 조리할 때
○ 볶음 요리에 소금 대신 기름(들기름, 참기름, 코코넛오일 등), 저염양념, 향미 채소를 활용합니다.
○ 밑간에 소금 대신 참깨, 과일즙(사과, 배, 레몬), 양파즙, 생강즙, 생강가루, 후춧가루 등을 활용합니다.
○ 불고기양념에 녹말물이나 찹쌀물을 넣어 간장, 소금의 양을 줄입니다.
○ 고기 잡내를 생강, 마늘, 대파, 통후추 등으로 제거합니다.

생선을 조리할 때
○ 생선에 소금을 뿌리지 않고 굽되 싱거우면 희석한 초간장에 고추냉이를 살짝 풀어 찍어 먹습니다.
○ 염장 생선은 쌀뜨물에 담가 짠 기를 빼고 조리합니다.
○ 생선을 구울 때 레몬즙을 뿌려 비린내를 제거합니다.

채소를 조리할 때
○ 시판 제품 대신 나트륨을 줄인 수제 드레싱을 활용합니다.
○ 채소를 생으로 데쳐 먹거나 짜지 않게 희석한 양념장에 찍어 먹습니다.
○ 나물을 무칠 때 소금, 간장 대신 고소한 맛을 살려주는 양념(참기름, 들기름, 콩가루, 들깻가루, 참깨나 호두, 땅콩, 잣 등의 견과류)을 활용합니다.

기타 조리 시 고려 사항

○ 가공식품은 끓는 물에 한 번 데쳐 불순물과 짠 기를 빼고 조리합니다.

○ 국물을 되도록 싱겁게 끓이고 적게 섭취합니다.

○ 면을 삶을 때 따로 소금간을 더 하지 않습니다.

○ 양념장에 물, 육수, 과일즙, 각종 채소를 더해 염분 농도를 낮춥니다.

○ 튀김, 조림보다는 찜, 구이를 선택합니다.

재료 선택 시 고려 사항

○ 가공식품은 최대한 피합니다.

○ 튀김가루, 부침가루 대신 밀가루, 찹쌀가루, 메밀가루 등을 활용합니다.

○ 나트륨 함량이 높은 해산물이나 육류 대신 채소 섭취를 높입니다.

저염식 조리법 2

식품 자체의 신선한 맛을 즐긴다

○ 가능한 한 소금 사용량을 줄여 조리합니다.

○ 조개, 미역 등 해산물, 해조류 같은 나트륨 함량이 높은 식재료는 물에 담가 소금기를 제거한 후 사용합니다.

○ 소금간을 다 하지 않고 조리한 후 기호에 맞춰 희석한 저염간장 등에 따로 찍어 먹습니다.

다양한 맛과 재료를 이용한다

○ 짠맛 대신 신맛, 단맛, 매운맛 등을 살려 맛을 보완합니다.

○ 한 가지 식재료 대신 여러 재료를 사용해 복합적인 맛이 느껴지도록 합니다.

○ 육수로 사용하는 채수에 무, 양파, 표고버섯, 파 등 다양한 채소를 넣어 우립니다.

다양한 양념과 향신료를 이용한다

○ 소금이나 간장 대신 다른 양념을 넣어 조리합니다.

- 천연 조미료(표고버섯가루, 들깻가루, 멸치새우가루, 다시마가루, 북어가루 등)를 사용해 맛을 살립니다.
- 허브(바질, 오레가노, 로즈메리, 민트, 파슬리 등)를 활용해 다양하고 이국적인 향을 냅니다.
- 향미 채소(미나리, 쑥갓, 고수, 고추, 마늘, 생강 등)를 이용해 향긋함으로 음식의 맛을 살립니다.
- 신맛(식초, 레몬, 라임, 매실, 유자 등)으로 상큼함을 더합니다.

창의적이고 다양한 음식으로 먹는 재미를 더한다
- 익숙지 않은 수입 식재료(병아리콩, 렌틸콩, 브라질너트 등)를 적극 활용해 먹는 재미가 있는 음식을 만들어봅니다.
- 외국 양념(발사믹식초, 화이트와인식초, 카엔페퍼가루, 강황, 커민, 마살라, 올리브유, 코코넛오일 등)을 적극 활용하면 좋습니다. 외국 양념 중에는 나트륨 함량이 거의 없는 것들이 많습니다.
- 맛이 심심하면 연겨자나 겨잣가루, 고추냉이를 소량 찍어 먹어도 좋습니다.

조리 후 식힌 다음 간을 맞춘다
- 최대한 싱겁게 조리하고 취향에 따라 추후에 간을 더합니다.
- 한 번에 간을 다 하지 않고 조금씩 넣어가며 맞춥니다.
- 음식이 뜨거우면 간이 잘 느껴지지 않으니 혀의 미각이 예민해질 수 있게 체온과 비슷한 온도로 식혀 간을 맞춥니다.

슈퍼시드 완전 정복

 # 슈퍼시드의 효능

● 풍부한 9종류의
필수 아미노산

슈퍼시드는 체내에서 생성되지 않거나 생성 속도가 느려 반드시
음식을 통해서 공급해야 하는 필수 아미노산을 함유하고 있습니
다. 양질의 단백질과 아르기닌 성분은 뼈와 근육 생성, 피로 회복
에 효과적입니다.

● 불포화 지방산으로
지키는 혈관 건강

슈퍼시드에는 불포화 지방산이 다량 함유되어 있습니다. 헴프시
드에는 고등어보다 11배 많은 불포화 지방산이 들어 있고, 오메
가3, 오메가6, 오메가9의 비율이 세계 보건 기구에서 제안한 황
금비율인 1:3:1이라 합니다. 뿐만 아니라 혈액 순환을 좋게 하고
혈관 건강에도 효과적이랍니다.

● 다양한 영양소 섭취

다이어트 시에는 영양소들을 꼼꼼히 챙겨야 하는데, 편향된 식
단으로 부족하기 쉬운 식이 섬유, 칼슘, 엽산 등의 영양소를 슈퍼
시드로 보충하는 것도 좋은 방법입니다. 씨앗류에는 참치의 8배

이상의 칼슘, 바나나의 1.5배의 식이 섬유가 함유되어 있습니다.

- 영양제를 대신할   슈퍼시드는 비타민B1, B2, B6 등과 같이 체내 생성이 되지 않아
  천연 비타민   따로 섭취해야 하는 비타민이 풍부합니다. 특히 피로 회복을 돕
             는 비타민B1과 스트레스 완화에 도움이 되는 비타민B6 함유량
             이 높습니다. 식단 조절 시에는 영양제 챙겨 먹기를 추천하지만
             가장 좋은 방법은 역시 음식으로 섭취하는 것입니다.

슈퍼시드의 종류

슈퍼시드는 생으로 먹거나 요리에 넣어 먹을 수 있답니다. 고소한 맛이 매력적이며 요리
의 전체적인 맛을 해칠 만큼 강한 향을 지니지 않아 다양하게 활용할 수 있습니다. 일부러
챙겨 먹는 것이 어렵다면 음식할 때 곳곳에 넣어 함께 섭취해봅니다.

- 치아시드   고대 아즈텍인들의 주식으로 알려진 치아시드는 멕시코와 중남
           미가 원산지이며 치아(chia)라는 민트 계통의 씨앗입니다. 치아
           시드 내 지방 성분 중 60% 이상이 오메가3로서 생선으로 충분
           히 섭취하기 힘든 오메가3 지방산의 부족분을 보충하는 데 상당
           한 도움이 됩니다. 각종 비타민과 미네랄, 항산화 성분을 비롯해
           단백질과 칼슘이 풍부하며 칼슘 대사에 주요한 붕소, 리신, 알라
           닌, 프롤린, 아르기닌 등의 아미노산이 함유되어 있습니다. 미국 당
           뇨병 협회에서 발행하는 『당뇨병 관리 저널』에 치아시드가 제2형
           당뇨병의 위험을 줄여준다는 연구 결과가 실리기도 했답니다.
           ※치아시드를 활용한 레시피 : 땅콩버터오트밀에너지바(p.185), 치아
           시드밀싹스무디(p.212)

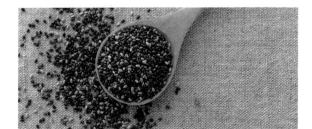

[●] 아마시드

지구상의 가장 강력한 식물이란 별명을 가진 아마시드는 식물성 오메가3 지방산이 많이 든 식품 중 하나로 아마시드 한 큰술에 는 1.8g의 오메가3가 함유되어 있습니다. 오메가3는 주로 등푸른 생선에 많이 함유된 영양 성분으로 유명한데, 아마시드는 고등 어의 44배에 이르는 오메가3를 함유하고 있습니다. 오메가3 지 방산은 몸에 축적되지 않고 혈당치를 억제하며 각종 혈관 및 심 장 질환을 예방하고 뇌졸중 발병률을 낮춰줍니다. 아마시드에 는 리그난이 다량 포함되어 있는데, 다른 식물들보다 적게는 75 배에서 많게는 800배 많다는 연구 결과도 있습니다. 리그난은 항암성이 뛰어나며 종양을 억제시키는 기능이 있는 것으로 알려 져 있습니다. 또한 여성 호르몬과 비슷한 작용을 해 여성의 피부 트러블과 여성 건강을 개선하는 효과가 있으며, 갱년기 여성에게 특히 좋습니다. 아마시드는 각종 여성 질환 개선, 전립선암, 당뇨 병, 면역성 질환, 심혈관 질환 예방, 장 활동 촉진 등의 효과가 있 습니다.

※아마시드를 활용한 레시피 : 애호박프리터(p.40), 견과쌈밥(p.55), 슈퍼시드당근머핀(p.166), 양파쌀베이글(p.174), 통밀감자와플 (p.178), 땅콩버터오트밀에너지바(p.185), 슈퍼시드고구마볼(p.186), 초코오트밀그래놀라(p.198), 아마시드단호박주스(p.215)

[●] 헴프시드

대마의 씨앗인 헴프시드는 마약류로 분류되는 대마초의 씨앗이 나 독성이 없어 식용 가능합니다. 헴프시드에는 오메가3, 오메가 6 지방산이 1:3이라는 좋은 비율로 들어 있습니다. 이와 같은 좋 은 비율로 구성되어 있는 식품은 손에 꼽을 수 있을 정도로 적습

니다. 헴프시드에는 완벽한 단백질이라 불릴 정도로 훌륭한 체내에서 생성되지 않는 9가지 필수 아미노산을 포함해 20종류의 아미노산이 들어 있습니다. 뿐만 아니라 100g 기준 두부의 3.9배, 닭가슴살의 2배, 소고기의 1.6배 이상의 식물성 단백질이 포함되어 있습니다.

※헴프시드를 활용한 레시피 : 애호박프리터(p.40), 헴프시드병아리콩롤(p.48), 견과쌈밥(p.55), 양파쌀베이글(p.174), 통밀감자와플(p.178), 슈퍼시드고구마볼(p.186), 고구마개슈너트스무디(p.206), 헴프시드초코스무디(p.215)

•테프

세상에서 가장 작은 곡물이라 불리는 테프는 작지만 아주 강력한 슈퍼곡물이랍니다. 식이 섬유 함유량이 많아 혈당 조절에 효과적이며, 일반 곡물에 잘 들어 있지 않은 비타민C가 풍부합니다. 또한 칼슘과 칼륨 함량이 높고 다른 곡물보다 철분 함량이 높아 빈혈이 있는 사람에게 좋습니다.

테프가 차세대 슈퍼푸드로 더욱 주목받고 있는 이유는 밀가루 대체 식품으로 활용할 수 있기 때문입니다. 글루텐이 함유되어

있지 않아 가루로 빻아 밀가루 대신 빵을 만들면 글루텐 알레르기가 있는 사람들도 안심하고 먹을 수 있어 다양하게 요리에 이용할 수 있습니다. 탄수화물 함량이 낮을 뿐만 아니라 저항성 녹말을 함유하고 있어 다이어트 식품으로도 인기가 좋습니다.

※테프를 활용한 레시피 : 애호박프리터(p 40), 견과쌈밥(p.55)

• 아마란스　　'영원히 시들지 않는 꽃'이라는 뜻의 고대 그리스어에서 유래한 아마란스는 5000년 전부터 남미 안데스 고산 지대에서 인디오들의 주식이었습니다. 아마란스는 단백질을 비롯해 스콸렌, 폴리페놀 등 각종 영양소가 풍부해 '신이 내린 곡물'이라고도 불립니다. 혈압 및 혈당 감소, 항산화 기능 및 면역력 증강, 노화 방지, 피부 미용 등에 효능이 있습니다. 보리, 밀 등 다른 곡류에 비해 탄수화물과 나트륨 함량이 낮고 불용성 단백질인 글루텐이 거의 없어 다이어트 식품으로 좋습니다. 요리에 넣어도 음식 고유의 맛을 해치지 않아 다양한 음식에 넣어 먹기 좋답니다.

• 호박씨　　호박씨는 오래전부터 요리에 곁들여온 식품 중 하나입니다. 볶아서 간식으로 먹는 것이 가장 간편한 방법이긴 하지만 갈아서 페이스트로 만들어 빵과 곁들여 먹어도 좋습니다. 호박씨에는 단백질, 지방, 탄수화물, 비타민B군 그리고 칼륨, 칼슘, 인 등의 무기질이 풍부합니다. 호박이 갖고 있는 영양적 효능이 호박씨에 고스란히 응축된 것으로 볼 수도 있습니다. 불포화 지방산과 레시틴으로 구성되어 고혈압을 비롯해 심혈관 질환 예방에 좋습니다. 필수 아미노산인 메티오닌이 많아 간의 회복에 도움이 되고,

심신을 안정시키는 작용을 해서 불면증 완화 효과가 있습니다.
※호박씨를 활용한 레시피 : 생강단호박퀴노아샐러드(p.38), 오트밀
너트쿠키(p.196), 초코오트밀그래놀라(p.198)

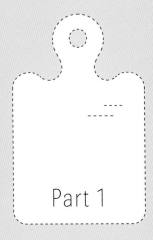

Part 1

가볍고
간단하게

다이어트

샐러드 &
애피타이저

메밀전병
샐러드랩
443kcal

밀가루 대신 메밀가루로 부친 얇은 도우에 신선한 채소샐러드를 올리고 돌돌 말아서 샐러드랩을 만들어봅니다. 부드러운 아보카도와 고소한 드레싱이 어우러져 아주 맛있답니다.

귤 1/2개, 비트 조금, 샐러드채소 1줌, 방울토마토 6개
|메밀전병| 메밀가루 50g, 물 150mL
|드레싱| 타히니소스 1/2컵, 레몬즙 1작은술, 다진 마늘 1/2작은술,
꿀 1작은술, 물 1/4컵

°recipe

1   메밀전병을 만든다.
    ※메밀가루와 물을 1:3 비율로 섞어 반죽을 만든다. → 반
    죽을 팬에 얇게 펴 올리고 약불에서 부친다.

2   귤의 껍질을 까 낱개로 뜯고 비트를 채썬다.

3   작은 볼에 드레싱 재료를 넣고 섞는다.
    ※타히니소스 만드는 법은 p.226을 참조한다.

4   메밀전병에 샐러드채소, 방울토마토, 귤, 비트를 올리고 드
    레싱을 뿌린다.

5   메밀전병의 양 끝을 오므리고 돌돌 만다.

◇ tip ◇

메밀은 감자, 쌀 등의 다른 녹말 식품에 비해
GI 지수(혈당 지수)가 낮아 당뇨병 관리나
다이어트 식품으로 좋습니다.

병아리콩
샐러드

427kcal

채식주의자들에게는 단백질 섭취를 보충할 수 있는 식단 구성이 필요합니다. 식물성 단백질이 풍부한 병아리콩(칙피)과 불포화 지방산이 다량 함유된 견과류를 넣은 채식 샐러드볼은 충분한 단백질 섭취에 도움이 됩니다.

°ingredient

병아리콩 1/2컵, 방울토마토 적당량, 제철 과일 조금, 어린잎채소 2줌, 견과류 10g

|드레싱| 적양파 1/4개, 엑스트라버진올리브유 2큰술, 발사믹식초 3큰술, 파슬리 조금

°recipe

1   병아리콩을 삶는다.
    ※병아리콩 삶는 법은 p.238을 참조한다.

2   방울토마토의 꼭지를 제거한다.

3   제철 과일을 한입 크기로 썬다.

4   적양파를 잘게 다지고 물에 5분간 담가 매운 기를 뺀 다음 물기를 제거한다.

5   볼에 적양파와 나머지 드레싱 재료를 넣고 섞는다.

6   **5**에 병아리콩, 방울토마토, 제철 과일, 어린잎채소, 견과류를 넣고 섞는다.

삼색콩
사모사

492kcal

3가지 콩과 매콤한 향신료를 넣어 만드는 인도식 튀김만두인 사모사입니다. 고단백 식품인 콩을 듬뿍 넣고 밀가루반죽 대신 라이스페이퍼로 감싸 구운 글루텐 프리 저열량 레시피입니다.

°ingredient

병아리콩 1컵, 완두콩 1컵, 렌틸콩 1컵, 라이스페이퍼 6장, 다진 마늘 1작은술, 다진 생강 1/2작은술, 다진 청양고추 1큰술, 다진 고수 1큰술, 올리브유 조금, 레몬즙 1큰술

|향신료| 커민, 고수씨, 강황, 가람마살라, 칠리파우더 각 1/2작은술

°recipe

1 병아리콩, 완두콩, 렌틸콩을 삶고 분량의 반을 포크로 으깬다.

2 팬에 올리브유를 두르고 마늘, 생강, 청양고추, 고수를 넣어 1분간 볶는다.

3 향신료와 레몬즙을 넣고 2분간 볶는다.

4 **1**의 콩을 **3**에 넣고 2분간 볶는다.

5 라이스페이퍼를 따뜻한 물에 담갔다 건지고 접시에 2장을 겹쳐 펼친다.

6 라이스페이퍼에 **4**를 올리고 사방을 접어 오므린다.

7 올리브유를 두른 팬이나 200도로 예열한 오븐에서 20분간 굽는다.

병아리콩
양배추랩

478kcal

고단백 식품인 병아리콩은 다이어트 식단의 주재료로 다양하게 활용됩니다. 콩 중에서도 대두, 노란 콩(메주콩)의 경우 기름 함량이 20%로 높은 편인 반면, 병아리콩은 상대적으로 기름이 적고 단백질 함량이 높습니다. 더불어 식이 섬유 함량이 2배 이상 높으므로 다이어트식에 좋답니다.

병아리콩 1/2컵, 오이 1/3개, 방울토마토 4개, 생양배춧잎 2장, 발
사믹글레이즈 조금(생략 가능)
|타히니소스| 올리브유 3큰술, 참깨 1/2컵, 소금 조금

1   병아리콩을 삶는다.
    ※병아리콩 삶는 법은 p.238을 참조한다.

2   오이와 방울토마토를 작게 깍둑썬다.

3   타히니소스를 만든다.
    ※바닥이 두꺼운 팬에 참깨를 넣고 약불에서 볶는다. →
    고소한 냄새가 나면 불을 끄고 참깨를 쟁반에 펼쳐 완전
    히 식힌다. → 믹서에 참깨와 소금을 넣어 3분 정도 간다.
    → 올리브유를 2~3번으로 나눠 넣고 각각 1분씩 간다. →
    입자가 고와질 때까지 충분히 간다.

4   생양배춧잎을 바닥에 깔고 타히니소스를 안쪽 면에 얇게
    펴 바른다.

5   병아리콩, 오이, 방울토마토를 올리고 발사믹글레이즈를
    뿌린다.

샐러드
배추쌈말이

265kcal

한입에 쏙 들어가는 크기의 샐러드배추쌈말이는 핑거 푸드나 애피타이저로도 좋고 도시락
메뉴로도 그만이랍니다.

배춧잎 6장, 사과 1/4개, 유부 6장, 당근 1/4개, 셀러리 1/6대, 소금
1/2작은술
|소스| 저염간장 1큰술, 매실액 1큰술, 식초 1큰술, 참깨 1작은술

° recipe

1   끓는 물에 소금을 넣고 배춧잎을 30초간 데친다.

2   데친 배추를 찬물에 헹구고 꼭 짜 물기를 제거한다.

3   사과, 유부, 당근, 셀러리를 얇게 채썬다.

4   배춧잎을 펴고 **3**을 올린 다음 돌돌 만다.

5   작은 볼에 소스 재료를 넣어 섞고 **4**에 곁들여 낸다.
     ※저염간장 만드는 법은 p.230을 참조한다.

┤ tip ├

조미되지 않은 유부를 사용해야
칼로리를 낮출 수 있습니다.

생강단호박
퀴노아
샐러드

생강단호박퀴노아샐러드는 차게 해서 간단히 먹어도 좋고
따뜻한 상태로 만들어 먹어도 맛있습니다.

432kcal

°ingredient

단호박 1/4개, 퀴노아 1
컵, 물 1과1/2컵, 호박씨
10개, 레몬즙 1큰술, 생
민트잎 1줌(생략 가능)

|양념| 고추 2개, 다진
생강 1/2작은술, 다진
마늘 1작은술, 메이플시
럽 2작은술, 올리브유 2
작은술, 후춧가루 조금

°recipe

1 단호박의 껍질을 벗겨 얇게 썰고 고추를 다진다.

2 볼에 양념 재료를 넣어 섞는다.

3 단호박의 겉면에 양념을 펴 바른다.

4 200도로 예열한 오븐에서 단호박을 25분간 굽거나 팬에
서 단호박이 익을 때까지 굽는다.

5 작은 냄비에 퀴노아와 물을 넣고 중불에서 10~12분간 끓
인다.

6 퀴노아가 충분히 익고 수분이 날아가면 불을 끄고 뚜껑을
덮어 5분간 뜸을 들인다.

7 볼에 단호박, 퀴노아, 호박씨, 레몬즙, 생민트잎을 넣어 섞는다.

양배추
갈릭웨지

208kcal

양배추는 위염, 위궤양 등 위 건강에 특히 좋은 식품입니다. 양배추에 다량 함유된 비타민K는 염증으로 인한 출혈이 생겼을 때 지혈 작용을 해줘 위궤양 치료에 효과적입니다. 자극적이고 매운 음식을 먹은 뒤 속 쓰림을 자주 느낀다면 양배추를 꾸준히 먹어보는 것을 추천합니다.

°ingredient

양배추 1/4통

|양념| 올리브유 3큰술, 마늘 3톨, 꿀 1큰술, 레몬즙 1작은술, 오레가노가루(또는 파슬리가루) 1/2작은술, 후춧가루 조금

°recipe

1 양배추의 속대를 제거하고 2cm 두께로 썬다.

2 볼에 양념 재료를 넣어 섞는다.

3 솔로 양배추 겉면에 양념을 골고루 바른다.

4 210도로 예열한 오븐에서 양배추를 15분간 굽거나 팬에서 양배추의 겉면이 노릇노릇해질 때까지 굽는다.

애호박
프리터

219kcal

애호박을 듬뿍 넣어 밀가루 양을 줄인 저열량 레시피입니다. 평소 챙겨 먹기 번거로운 다양한 슈퍼시드를 간편하게 골고루 섭취할 수 있습니다.

애호박(또는 주키니) 1/2개, 달걀 1개, 통밀가루 1/6컵, 다진 블랙올리브 1/2큰술, 슈퍼시드(아마시드, 헴프시드, 검은깨, 테프 등) 조금, 참기름 1작은술, 소금 조금

°recipe

1   애호박을 얇게 채썰고 소금을 살짝 뿌려 5분간 둔다.

2   애호박을 면보로 감싸고 적당히 물기를 짠다.

3   볼에 모든 재료를 넣고 섞어 반죽을 만든다.

4   달군 와플 팬이나 오븐에서 **3**의 반죽을 굽는다.
    ※취향에 따라 아가베시럽, 꿀 등을 곁들인다.

⬡ tip ⬡

슈퍼시드는 요리할 때 곳곳에 넣어
자주 섭취할 수 있도록 합니다.

연근
샐러드
442kcal

연근은 GI 지수와 칼로리가 낮고 무기질, 리놀레산, 식이 섬유가 풍부해 다이어트 식품으로 좋습니다. 특히 연근은 니코틴 해독, 독소 해소, 위장 보호, 피로 회복 등에 효과가 있는 건강 식품이랍니다.

퀴노아 1/2컵, 연근 1/4개, 케일(또는 샐러드채소) 8장, 고수 1/4컵
(생략 가능), 건크랜베리 조금, 식초 조금
|드레싱| 라임즙 2작은술, 올리브유 3큰술, 커민가루 1/4작은술

*recipe

1   퀴노아를 삶는다.

2   연근을 얇게 썰어 끓는 식촛물에 넣고 아삭한 식감을 살려
    데친다.

3   케일과 고수를 얇게 채썬다.

4   볼에 드레싱 재료를 넣어 섞는다.

5   드레싱 2/3 분량과 삶은 퀴노아를 버무린다.

6   그릇에 케일과 고수를 담고 퀴노아, 연근, 건크랜베리를 올
    린 다음 남은 드레싱을 뿌린다.

< **tip** >

연근은 위염, 역류성 식도염, 위궤양 등
각종 소화기 염증 환자들에게 좋습니다.

오이
후무스롤

153kcal

오이롤은 아삭하고 깔끔해 핑거 푸드로 제격입니다. 더운 여름에 입맛 살리기 좋고 시원한 애피타이저로도 좋답니다. 여기에 색색의 채소와 콩의 영양이 가득한 후무스가 더해져 건강한 조합이 탄생했습니다.

°ingredient

오이 2개, 각종 채소(당근, 셀러리, 파프리카 등) 적당량, 후무스 4큰술, 굵은소금 조금, 소금 조금, 후춧가루 조금

°recipe

1 오이를 굵은소금으로 문질러 닦고 껍질을 벗긴다.

2 필러나 칼로 오이를 세로로 얇게 저민다.

3 오이를 쟁반에 펼치고 소금을 살짝 뿌려 5분간 둔 다음 키친타월로 물기를 제거한다.

4 각종 채소를 손가락 길이로 채썬다.

5 오이의 한쪽 면에 후무스를 펴 바르고 후춧가루를 살짝 뿌린다.
   ※후무스 만드는 법은 p.239를 참조한다.

6 **5**에 **4**의 채소를 올리고 돌돌 만다.

채식
붓다볼

522kcal

밥이나 곡물, 단백질류, 채소류를 한 볼에 담고 소스를 뿌려 먹는 채식 볼은 '붓다볼'이라는 이름으로 더 유명합니다. 건강한 한 그릇으로 균형 있는 영양소 섭취를 할 수 있는 덕분에 해외에서도 주목받고 있는 메뉴랍니다.

*ingredient

병아리콩 1/2컵, 퀴노아 1/2컵, 자색고구마 1/2개, 샐러드채소 2줌, 알배추 2장, 토마토 1/4개, 파프리카 1/3개, 올리브유 1작은술
|드레싱| 타히니소스 2큰술, 메이플시럽 1작은술, 레몬즙 1/2작은술

*recipe

1   병아리콩과 퀴노아를 삶는다.
    ※병아리콩 삶는 법은 p.238을 참조한다.

2   알배추와 토마토를 한입 크기로 썰고 파프리카의 씨를 제거해 슬라이스하고 자색고구마를 깍둑썰기한다.

3   팬에 올리브유를 두르고 자색고구마를 넣어 굽는다.

4   볼에 드레싱 재료를 넣고 섞는다.
    ※타히니소스 만드는 법은 p.226을 참조한다.

5   그릇에 퀴노아를 깔고 샐러드채소, 알배추, 토마토, 병아리콩, 파프리카, 자색고구마를 담은 다음 드레싱을 뿌린다.

퀴노아오이
찹샐러드

칼로리가 적고 영양이 풍부한 오이에 고단백 식품인 퀴노아를 더해 한 끼 식사로 손색없는 든든한 샐러드를 만들어 봅니다.

335kcal

 ingredient

퀴노아 1/2컵, 오이 1개,
방울토마토 10개, 케일
(또는 샐러드채소) 4장
|드레싱| 라임즙 1작은
술, 올리브유 3큰술, 화
이트와인식초 2작은술,
발사믹식초 2작은술

 recipe

1 퀴노아를 삶는다.

2 오이를 0.5cm로 깍둑썰고 방울토마토를 4등분한다.

3 케일을 돌돌 말아 채썬다.

4 볼에 드레싱 재료를 넣어 섞는다.

5 그릇에 퀴노아, 오이, 방울토마토, 케일을 담고 드레싱을 뿌려 버무린다.

태국식
샐러드볼

422kcal

고소한 땅콩소스를 곁들인 태국 스타일의 샐러드볼입니다. 하루에 한 번 정도는 채소를 충분히 섭취할 수 있는 식단으로 구성하는 게 좋습니다. 한 그릇에 다양한 채소를 담아 만드는 샐러드볼은 채소와 드레싱의 종류를 바꿔가며 만들 수 있어 질리지 않고 맛있게 먹을 수 있답니다.

°ingredient

밥 1/2공기, 숙주나물 1 줌, 당근 1/4개, 자색고 구마 1개, 비트잎 2장, 땅콩 5개

|소스| 땅콩 1/2컵, 마 늘 3톨, 코코넛밀크 1/2 컵, 저염간장 1작은술, 참기름 1작은술, 애플사 이다식초 1작은술

°recipe

1   숙주나물을 끓는 물에 살짝 데치고 찬물에 헹군 다음 체에 받쳐둔다.

2   당근과 자색고구마를 얇게 채썰고 비트잎을 3등분한다.

3   땅콩을 거칠게 부숴 준비한다.

4   푸드 프로세서에 소스 재료를 넣고 곱게 간다.
    ※저염간장 만드는 법은 p.230을 참조한다.

5   그릇에 밥을 담고 숙주나물, 당근, 자색고구마, 비트잎을 올린 다음 소스와 땅콩을 뿌린다.

헴프시드
병아리콩롤

440kcal

주목받는 슈퍼푸드인 헴프시드는 시리얼, 요거트, 셰이크 등에 넣어 먹거나 밥을 지을 때
섞어서 먹을 수 있습니다. 또한 미트볼이나 동그랑땡에 넣어 아주 쉽고 맛있게 섭취할 수
있답니다. 고기 대신 건강한 식물성 단백질인 콩으로 만든 채식 미트볼에 헴프시드를 더해
영양은 물론 고소한 맛까지 즐겨봅니다.

양배춧잎(큰 것) 8장, 병아리콩 1컵, 헴프시드 3큰술, 다진 양파
1/2컵, 올리브유 조금
|양념| 참기름 1큰술, 다진 마늘 1작은술, 다진 생강 1/2작은술, 후
춧가루 조금, 올리브유 1큰술
|소스| 단호박(찐 것) 1/8통, 아몬드밀크 50mL, 울금가루 1작은술,
헴프시드 1/2작은술, 소금 조금

1   양배춧잎을 찜기에서 찌거나 전자레인지에 돌려 익힌다.

2   병아리콩을 삶아 으깬다.
    ※병아리콩 삶는 법은 p.238을 참조한다.

3   팬에 올리브유를 두르고 다진 양파를 살짝 볶는다.

4   볼에 병아리콩, 헴프시드, 양파, 양념 재료를 넣고 치댄다.

5   **1**의 양배춧잎에 **4**를 올리고 사방으로 오므린다.

6   솔로 양배추의 겉면에 올리브유를 얇게 펴 바르고 팬에 올
    려 노릇노릇하게 굽는다.

7   소스 재료를 믹서에 넣고 곱게 간다.

8   그릇에 롤을 담고 소스를 곁들여 낸다.

현미귤
두부샐러드
465kcal

만들어 먹는 재미가 쏠쏠한 따뜻한 샐러드입니다. 미소된장은 발효 식품으로서 영양이 풍부하고 일반 된장보다 나트륨 함량이 낮아 저염 다이어트 식단에 알맞습니다. 된장과 귤의 색다른 조합이 낯설지만 매우 잘 어울린답니다.

현미 1/2컵, 브로콜리 1/2개, 두부 200g, 귤 1개(또는 오렌지 1/4개),
방울토마토 5개, 생강 1톨, 올리브유 2작은술, 저염간장 1/2큰술,
미소된장 1/2큰술, 꿀 1큰술, 참기름 1작은술

*recipe

1   현미로 고슬고슬하게 된밥을 짓는다.

2   브로콜리와 두부를 1cm로 깍둑썰기하고 생강을 편썬다.

3   팬에 올리브유를 두르고 브로콜리를 넣어 2분간 익힌다.

4   **3**에 두부, 저염간장, 미소된장, 꿀, 생강을 넣고 두부에 양
    념이 배어들도록 볶는다.
    ※저염간장 만드는 법은 p.230을 참조한다.
    ※양념이 너무 졸아들면 물을 조금 넣어 조절한다.

5   귤의 껍질을 벗기고 과육만 **4**에 넣는다.

6   현미밥과 참기름을 넣어 한 번 더 볶는다.

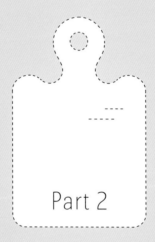

Part 2

언제
어디서나

다이어트

도시락

가지밥

가지는 수분과 식이 섬유가 많아 포만감이 높고 변비 예방에 좋습니다. 암 환자들에게 1일 1가지를 권할 정도로 항암, 항산화 효과가 뛰어난 식재료입니다.

414kcal

°ingredient

가지 2개, 대파 1/2대, 렌틸콩(불린 것) 20g, 쌀(불린 것) 1컵, 물 적당량, 포도씨유 4큰술, 저염간장 2큰술, 참깨 조금

|양념장| 다진 부추 적당량, 저염간장 1큰술, 채수(다시마 우린 물) 2큰술, 다진 마늘 1/2작은술, 고춧가루 1/2작은술, 청양고추 1개, 참기름 조금

°recipe

1 가지를 어슷썰고 대파를 채썬다.

2 팬이 달궈지기 전에 포도씨유와 대파를 넣고 볶아 향을 낸다.

3 가지와 렌틸콩을 넣고 저염간장을 둘러 가지의 숨이 죽을 때까지 볶는다.
※저염간장 만드는 법은 p.230을 참조한다.

4 냄비(또는 밥솥)에 밥물의 양을 평소보다 적게 잡아 불린 쌀을 넣고 3을 올려 밥을 짓는다.

5 볼에 양념장 재료를 넣어 섞는다.

6 그릇에 4를 담고 대파를 올린 다음 양념장을 곁들여 낸다.

견과
쌈밥

420kcal

고염 식품의 대표격인 고추장 대신 다이어트식으로 나트륨을 줄인 저염고추장을 사용하는 게 좋습니다. 저염고추장은 시중에 판매되는 저염 제품을 구매해도 되지만 집에서 손쉽게 재료를 섞어 만들 수 있답니다.

°ingredient

밥 1인분, 견과류(호두, 아몬드, 땅콩 등) 50g, 슈퍼시드(아마시드, 헴프시드, 포피시드, 테프 등) 30g, 상추(또는 깻잎) 4장, 참기름 1작은술, 참깨 조금
|양념장| 저염고추장 1/2큰술, 고춧가루 1작은술, 콩가루 2큰술, 배즙 2큰술

°recipe

1   견과류와 슈퍼시드를 곱게 다진다.

2   밥에 **1**과 참기름을 넣어 섞는다.

3   한입 크기의 밥을 공 모양으로 빚어 상추에 올린다.

4   볼에 양념장 재료를 넣어 섞는다.
     ※저염고추장 만드는 법은 p.230을 참조한다.

5   **3** 위에 양념장을 올리고 참깨를 뿌린다.

연어
베이글

413kcal

그리스식 스프레드인 차지키소스와 연어의 궁합이 좋은 샌드위치입니다. 연어의 비린내를 잡아주는 데 좋은 차지키소스와 디종머스터드를 사용했습니다.

°ingredient

쌀 베이글 1개, 연어 150g, 케일 2장, 그린올리브 2개, 디종머스터드 1작은술, 차지키소스 3작은술, 올리브유 1/2 큰술, 소금 조금, 후춧가루 조금

°recipe

1 연어에 올리브유를 바르고 소금과 후춧가루를 뿌려 5분간 재운다.

2 팬에 연어를 올려 굽는다.

3 쌀베이글을 가로로 반 가르고 안쪽 면에 디종머스터드를 얇게 펴 바른다.
   ※쌀베이글 만드는 법은 p.174를 참조한다.

4 쌀베이글 한 쪽에 케일, 그린올리브, 연어 순으로 올린다.

5 차지키소스를 뿌리고 다른 쌀베이글 한 쪽으로 덮는다.
   ※차지키소스 만드는 법은 p.225를 참조한다.

닭가슴살햄
샌드위치

└─────┬─────┘
310kcal

간단한 재료들을 넣어 만든 샌드위치는 가벼운 식사나 외출 시 도시락으로 좋은 메뉴입니다. 밖에 있을 때는 다이어트 식단을 유지하기 어려운 경우가 많으니 평소에 도시락을 준비해 다니는 습관을 들이면 식단 관리에 도움이 됩니다.

°ingredient

호밀식빵 2장, 달걀 1개, 슬라이스닭가슴살햄 2장, 토마토 1/2개, 양상추 4장, 슬라이스 콜비잭치즈 1장, 후무스 1작은술, 디종머스터드 1작은술

°recipe

1   볼에 후무스와 디종머스터드를 넣어 섞는다.
       ※후무스 만드는 법은 p.239를 참조한다.

2   달걀을 프라이하고 토마토를 슬라이스한다.

3   키친타월로 양상추와 토마토의 물기를 제거한다.

4   호밀식빵 한 장의 한쪽 면에 **1**을 펴 바르고 양상추, 토마토, 콜비잭치즈, 달걀프라이 순으로 올린다.

5   나머지 호밀식빵 한 장에 **1**을 펴 바르고 **4**를 덮는다.

더덕구이 쌈밥

255kcal

매콤하게 양념한 더덕구이를 올려 만든 쌈밥입니다. 저염 고추장과 고춧가루로 매콤한 맛을 살리면서 나트륨 함량을 낮췄습니다. 향긋한 깻잎에 고소한 견과류를 듬뿍 넣어 비빈 밥을 올리고 입맛을 돋워줄 매콤쌉쌀한 더덕구이를 올리면 훌륭한 쌈밥 도시락이 완성됩니다.

˙ingredient

밥 1인분, 더덕 7개, 견과류 적당량, 깻잎 8장, 올리브유 조금
|더덕구이양념| 들기름 3큰술, 저염고추장 1큰술, 고춧가루(고운 것) 1작은술, 배즙(또는 올리고당) 2큰술, 매실청 1큰술, 볶음참깨 조금

˙recipe

1 더덕구이를 만든다.
   ※더덕의 흙을 닦아내고 껍질을 벗긴다. → 더덕을 길게 반 갈라 방망이로 두들겨 펴고 겉면에 들기름을 살짝 바른다. → 볼에 더덕구이양념 재료를 넣어 섞고 더덕에 골고루 바른다(저염고추장 만드는 법은 p.230을 참조한다). → 달군 팬에 올리브유를 살짝 두르고 더덕을 앞뒤로 노릇노릇하게 굽는다.

2 밥에 견과류를 넣어 섞는다.

3 깻잎에 2의 밥을 한입 크기로 담고 더덕구이를 먹기 좋게 썰어 올린다.

치킨
데리야키
덮밥

354kcal

닭가슴살이 퍽퍽해서 먹기 힘들다면 좀 더 부드러운 닭안심살을 활용해 단백질을 섭취해봅니다. 저염데리야키소스가 들어가 건강하고 담백한 덮밥을 즐길 수 있습니다.

•ingredient

밥 1인분, 닭고기(안심) 150g, 아보카도 1/2개, 양상추 1줌, 토마토 1/4개, 맛술 1큰술, 찹쌀가루(또는 녹말가루) 1큰술, 후춧가루 조금, 포도씨유 적당량

|저염데리야키소스| 다진 마늘 1/2큰술, 다진 생강 1/4큰술, 저염간장 1큰술, 맛술 1큰술, 꿀 1큰술, 녹말물(녹말 1큰술+물 1/3컵)

•recipe

1   닭고기의 힘줄을 가위로 제거해 깨끗이 씻고 한입 크기로 썬다음 맛술, 후춧가루, 찹쌀가루를 넣어 버무린다.

2   소스 팬에 저염데리야키소스 재료를 넣고 졸인다.
    ※저염간장 만드는 법은 p.230을 참조한다.

3   달군 팬에 포도씨유를 넉넉히 두르고 닭고기를 노릇노릇하게 익힌다.

4   3에 저염데리야키소스 1큰술을 넣고 중불에서 졸인다.

5   아보카도를 세로로 잘라 껍질과 씨를 제거하고 썬다.

6   토마토와 양상추를 다진다.

7   도시락에 밥을 담고 치킨데리야키, 아보카도, 토마토, 양상추를 조화롭게 올린다.

병아리콩
두부모닝롤

445kcal

아침에 간단하게 먹기 좋은 모닝롤샌드위치입니다. 고단백 식품인 병아리콩과 두부의 고소하고 담백한 맛이 좋으며, 알알이 톡톡 튀는 옥수수의 식감이 매력적입니다.

모닝빵 2개, 병아리콩 1컵, 두부 1/2모, 파프리카 1/4개, 적양파 1/4
개, 옥수수알 1/2컵, 로즈메리 2줄기, 상추 4장
|소스| 마늘 2톨, 레몬즙 1작은술, 크러시드레드페퍼 1/4작은술,
타히니소스 2큰술, 소금 조금, 후춧가루 조금

*recipe

1 병아리콩을 삶고 분량의 반 정도를 포크로 으깬다.
  ※병아리콩 삶는 법은 p.238을 참조한다.

2 두부를 면보로 싸고 꼭 짜 물기를 제거한다.

3 적양파와 파프리카를 잘게 다진다.

4 볼에 소스 재료를 넣어 섞는다.
  ※타히니소스 만드는 법은 p.226을 참조한다.

5 같은 볼에 병아리콩, 두부, 파프리카, 적양파, 옥수수알, 로
  즈메리를 넣고 섞어 속재료를 만든다.

6 모닝빵을 가로로 반 가르고 한 쪽에 상추를 깐 다음 속재
  료를 넣는다.

> **tip**
> 옥수수는 통조림보다 원재료 그대로 사용하는 게 좋습니다.
> 옥수수알을 소분해서 냉동실에 보관하면
> 신선한 옥수수를 보다 간편하게 먹을 수 있습니다.

병아리콩
메밀부리토

463kcal

토르티야는 밀가루나 옥수수가루를 이용해서 빈대떡처럼 만든 것인데, 부리토는 토르티야에 채소나 고기를 올려 싸 먹는 멕시코 전통 음식입니다. 메밀가루로 만든 토르티야에 고소한 병아리콩샐러드를 넣어 건강 부리토를 만들어봅니다.

병아리콩 1컵, 사과 1/2개, 방울토마토 5개, 고수 1/2컵(생략 가능),
라임즙 1작은술, 올리브유 2큰술, 커민가루 1/4작은술, 후춧가루
조금
|메밀토르티야| 메밀가루 80g, 통밀가루 40g, 포도씨유 1작은술,
베이킹파우더 1/4작은술, 물(미지근한 것) 80mL

°recipe

1 메밀토르티야를 만든다.
   ※메밀가루와 통밀가루를 체에 친다. → 볼에 메밀토르티
   야 재료를 넣고 치댄다. → 반죽을 랩에 싸고 냉장고에서
   10분간 숙성시킨다. → 반죽을 원하는 크기로 분할하고
   밀대로 동그랗게 민다. → 기름을 두르지 않고 달군 팬에
   노릇노릇하게 부친다.

2 병아리콩을 삶고 포크로 으깬다.
   ※병아리콩 삶는 법은 p.238을 참조한다.

3 사과, 방울토마토, 고수를 잘게 다진다.

4 볼에 2와 3을 넣고 라임즙, 올리브유, 커민가루, 후춧가루
   를 넣어 버무린다.

5 메밀토르티야에 4를 올리고 돌돌 말거나 반으로 접는다.

불고기
오픈버거
482kcal

미리 재워놓지 않아도 충분히 깊은 맛을 내는 소스로 만든 불고기 레시피를 소개합니다.
불고기덮밥, 불고기누들, 불고기버거 등 다양한 별미 요리를 만들 수 있답니다.

포카치아(또는 식사용 발효빵) 1개, 소고기 120g, 당근 1/4개, 대파 1/4대, 양파 1개, 양배추 적당량, 물 1컵, 올리브유 조금
|불고기양념(10인분)| 저염간장 2컵, 설탕 1컵, 물 2컵, 마늘 1/4컵, 생강 1/2쪽, 양파 1개, 사과(또는 배) 2/3개, 후춧가루 1작은술

*recipe

1   푸드 프로세서에 불고기양념 재료를 넣고 곱게 간다.
    ※저염간장 만드는 법은 p.230을 참조한다.
    ※불고기를 양념에 재워둘 필요 없이 먹을 때마다 고기에 버무려 사용한다.

2   당근, 대파, 양파, 양배추를 채썬다.

3   포카치아를 먹기 좋은 크기로 자른다.

4   올리브유를 두른 팬에 **2**의 채소를 넣고 볶은 다음 덜어둔다.

5   같은 팬에 소고기, 불고기양념(1인 분량), 물을 넣고 볶는다.

6   소고기가 어느 정도 익으면 **4**의 채소를 넣고 더 볶는다.

7   그릇에 불고기와 포카치아를 조화롭게 담는다.

tip

불고기양념은 냉장고에서
1~2주간 보관할 수 있습니다.

불닭
쌈말이

293kcal

한입에 쏙쏙 넣어 먹기 간편한 쌈말이는 도시락 메뉴로 아주 좋습니다. 닭가슴살로 만든 불닭이 들어 있어 맛있게 매운 고단백, 저탄수화물 식단을 즐길 수 있습니다.

ingredient

닭고기(가슴살) 200g, 배춧잎 5장, 소금 1/2작은술

|양념| 고추장 1/2큰술, 고춧가루 1작은술, 매실액 1큰술, 청주 1큰술, 다진 마늘 1/2큰술, 다진 생강 1/2작은술, 사과 1/2개, 참깨 조금

recipe

1 닭고기를 찌거나 삶는다.

2 팬에 양념 재료를 넣고 강불에서 끓인다.

3 2에 닭고기를 찢어 넣고 국물이 자작해지도록 졸인다.

4 끓는 물에 소금을 넣고 배춧잎을 30초간 데친다.

5 데친 배춧잎을 찬물에 헹구고 물기를 꼭 짠다.

6 배춧잎에 3의 닭고기를 올리고 돌돌 만다.

생연어
오픈토스트
404kcal

아보카도와 연어의 불포화 지방산은 혈중 콜레스테롤 수치를 낮추는 데 효과가 있습니다. 숲의 버터라 불리는 아보카도를 빵에 곁들이면 아주 부드럽고 고소한 맛을 즐길 수 있습니다.

°ingredient

베이글 1/2개, 생연어 100g, 아보카도 1/2개, 토마토 1/2개, 양상추 1장, 올리브유 1작은술, 화이트와인식초 1작은술, 디종머스터드 1작은술, 소금 조금, 후춧가루 조금

°recipe

1 아보카도를 세로로 잘라 껍질과 씨를 제거하고 썬다.

2 연어를 2cm로 깍둑썰기하고 토마토를 얇게 저민다.

3 볼에 연어, 올리브유, 식초, 소금, 후춧가루를 넣어 버무린다.

4 베이글에 디종머스터드를 얇게 펴 바르고 양상추를 올린다.

5 아보카도, 토마토, 연어를 조화롭게 올린다.

수비드닭햄
샌드위치
359kcal

맛없는 닭가슴살을 맛있게 먹는 방법으로 한때 인터넷을 뜨겁게 달궜던 닭햄을 직접 만들어봅니다. 수비드식 저온 조리로 부드러운 맛을 최대로 이끌어낸 닭햄은 맛있는 다이어트 메뉴로 적격입니다.

식빵 1장, 달걀 1개, 키위 1개, 토마토 1개, 상추 1/2장, 마늘마요네
즈 1큰술
|닭햄| 닭고기(가슴살) 200g, 올리브유 1큰술, 커민가루 1/4작은
술, 소금 조금, 후춧가루 조금

*recipe

1   닭햄을 만든다.
    ※닭고기를 적당한 크기로 자른다. → 닭고기를 올리브유,
    커민가루, 소금, 후춧가루로 밑간하고 하루 정도 숙성시킨
    다. → 밑간한 닭고기를 지퍼백에 100g씩 소분한다. → 냄
    비에 끓는 물과 찬물의 비율을 3:1로 맞추고 지퍼백을 넣
    어 2시간 동안 둔다. → 중간중간 따뜻한 물을 더해 물이
    식지 않도록 한다(60도 정도). → 익은 닭햄을 냉장고에
    넣어 차게 보관한다.

2   키위와 토마토를 얇게 썬다.

3   달걀을 풀어 얇게 지단을 부치고 가늘게 채썬다.

4   식빵을 반 자르고 한 쪽에 마늘마요네즈를 바른다.
    ※마늘마요네즈 만드는 법은 p.223을 참조한다.

5   4에 상추, 닭햄, 키위, 토마토, 달걀지단 순으로 올리고 남
    은 식빵으로 덮는다.

──(tip)──

닭햄을 만들 때 저온 숙성 시
냄비가 식지 않도록 주의합니다.

아보카도
오픈
샌드위치

258kcal

아보카도는 혈관이나 내장에 쌓이는 노폐물이나 지방을 줄여주는 역할을 하는 식품입니다. 아보카도의 풍부한 섬유소와 카르니틴은 체중 감량에 효과가 있습니다.

°ingredient

호밀빵 2장, 아보카도 1개, 파인애플슬라이스 2장, 사과 1/8개, 생와사비 1/2작은술, 두부마요네즈 1큰술, 소금 조금, 후춧가루 조금

°recipe

1   아보카도를 세로로 잘라 껍질과 씨를 제거하고 썬다.

2   팬을 달구고 파인애플을 올려 겉면을 노릇노릇하게 구운 다음 먹기 좋게 썬다.

3   사과를 얇게 저민다.

4   볼에 두부마요네즈, 생와사비, 소금, 후춧가루를 넣어 섞는다.
     ※두부마요네즈 만드는 법은 p.223을 참조한다.

5   호밀빵에 4를 얇게 펴 바르고 아보카도를 올린 다음 사과와 파인애플을 곁들인다.

연어
데리야키
덮밥

446kcal

연어는 단백질과 비타민이 풍부하고 혈관 질환 및 골다공증 개선에 효과적이라고 합니다. 맛도 좋고 영양도 좋은 연어에 건강한 저염데리야키소스를 곁들여 먹어봅니다.

°ingredient

밥 1공기, 연어 150g, 브로콜리 1/4개, 맛술 1큰술, 후춧가루 조금, 레몬즙 1작은술, 찹쌀가루 (또는 녹말가루) 1큰술, 포도씨유 적당량

|저염데리야키소스| 다진 마늘 1/2큰술, 다진 생강 1/4큰술, 저염간장 1큰술, 맛술 1큰술, 꿀 1큰술, 녹말물(녹말 1큰술+물 1/3컵)

°recipe

1 연어를 소금, 후춧가루, 레몬즙으로 밑간한다.

2 연어를 한입 크기로 썰고 맛술, 후춧가루, 찹쌀가루를 넣어 버무린다.

3 소스 팬에 저염데리야키소스 재료를 넣어 졸인다.
   ※저염간장 만드는 법은 p.230을 참조한다.

4 달군 팬에 포도씨유를 두르고 연어를 노릇노릇하게 익힌다.

5 연어에 저염데리야키소스 1큰술을 넣고 중불에서 졸인 다음 덜어둔다.

6 같은 팬에 브로콜리와 저염데리야키소스 1큰술을 넣고 강불에서 볶는다.

7 그릇에 밥, 연어, 브로콜리를 조화롭게 담는다.

일본식
우엉밥

312kcal

일본 가정식 스타일로 만든 우엉밥입니다. 인삼에 많이 들어 있다고 알려진 사포닌 성분이 우엉에도 다량 함유되어 있습니다. 사포닌은 암을 일으키는 요인 중 하나인 과산화 지질을 분해해서 암 예방에 도움을 주고, 콜레스테롤 흡수를 저해하며, 혈액을 맑게 해 고혈압이나 동맥 경화 등의 혈관성 질환을 예방하는 데 도움이 됩니다.

찹쌀 1컵, 현미 1컵, 우엉 1대, 당근 1/3개, 표고버섯 3개, 다시마 2
장, 참기름 조금

|양념| 저염간장 1큰술, 설탕 1/2큰술, 정종 1큰술, 맛술 1큰술

°recipe

1   다시마를 찬물에 담그고 육수를 우려 다시마물을 만든다.

2   우엉을 얇게 어슷썰고 물에 담갔다 건진다.

3   당근과 표고버섯을 우엉과 비슷한 크기로 어슷썬다.

4   참기름을 두른 팬에 우엉과 당근을 볶는다.

5   우엉과 당근이 어느 정도 익으면 표고버섯과 양념 재료를
     넣고 볶는다.
     ※저염간장 만드는 법은 p.230을 참조한다.

6   냄비(또는 밥솥)에 현미, 찹쌀, 다시마물을 넣고 볶은 채소
     를 올린 다음 밥을 짓는다.

tip

우엉은 당질의 일종인 이눌린이 풍부해
신장의 기능을 높여줍니다.

채식
너겟

380kcal

수제 드레싱이나 소스는 믿을 수 있는 재료로 직접 만들기 때문에 살찔 걱정을 덜면서 건강까지 챙길 수 있답니다. 수제 마늘마요네즈와 채식 너겟은 잘 어울리는 조합입니다.

고구마 2개, 당근 1/2개, 브로콜리 1/4개, 달걀 1개, 마늘 2톨, 후춧
가루 조금, 올리브유 조금, 아몬드가루 1/4컵, 찹쌀가루 1/4컵, 허브
가루(바질, 파슬리 등) 1/2작은술

*recipe

1   고구마를 삶거나 찌고 먹기 좋게 썬다.

2   당근과 브로콜리를 고구마와 비슷한 크기로 썬다.

3   볼에 아몬드가루, 찹쌀가루, 허브가루를 넣어 섞는다.

4   **3**의 가루류를 제외한 나머지 재료를 푸드 프로세서에 넣고
    간다.

5   **3**의 가루류의 2/3 분량을 **4**에 넣고 한 번 더 간다.

6   **5**를 한입 크기로 빚어 너겟 모양을 잡고 겉면에 남은 가루
    류를 골고루 묻힌다.

7   오븐 트레이에 너겟을 띄엄띄엄 올리고 오일스프레이를
    살짝 뿌려 200도로 예열한 오븐에서 25분간 굽거나 달군
    팬에 올리브유를 두르고 중불에서 10분간 굽는다.

8   그릇에 너겟을 담고 마늘마요네즈를 곁들여 낸다.
    ※마늘마요네즈 만드는 법은 p.223을 참조한다.

(tip)

너겟을 오븐에서 구울 때는
중간에 한 번 뒤집어주는 게 좋습니다.

칠면조에그 샌드위치

412kcal

지방질이 적은 칠면조고기는 닭고기와 더불어 칼로리가 낮은 다이어트 식품입니다. 시판되는 슬라이스칠면조햄은 샌드위치에 간편하게 활용하기 좋습니다. 부드러운 스크램블드에그를 곁들이면 든든한 한 끼 식사가 완성됩니다.

°ingredient

호밀빵 2장, 슬라이스 칠면조햄 3장, 슬라이스고다치즈 1장, 오렌지 1/4개, 그린올리브 3개, 달걀 2개, 디종머스터드 1작은술, 소금 조금, 후춧가루 조금, 발사믹글레이즈 조금

°recipe

1 호밀빵을 굽고 디종머스터드를 얇게 펴 바른다.

2 오렌지와 그린올리브를 얇게 썰고 키친타월로 겉면의 물기를 제거한다.

3 볼에 달걀을 풀고 소금과 후춧가루를 넣어 섞는다.

4 올리브유를 두른 팬에 3을 넣고 휘저으며 익혀 스크램블드에그를 만든다.

5 호밀빵에 고다치즈, 칠면조햄, 오렌지, 스크램블드에그, 그린올리브 순으로 올리고 발사믹글레이즈를 뿌린다.

퀴노아 샐러드 타코

320kcal

부침가루나 밀가루 대신 도토리묵가루나 메밀가루를 이용해 더 건강한 전병을 만들 수 있습니다. 은은하게 쌉쌀한 도토리나 메밀의 맛이 입맛을 돋우며 밀가루 음식을 먹고 난 후 속의 더부룩함이 없어 좋습니다.

° **ingredient**

퀴노아 1/2컵, 샐러드채소 적당량, 방울토마토 4개
|전병| 도토리묵가루(또는 메밀가루) 40g, 찹쌀가루 40g, 물 100mL, 올리브유 조금
|드레싱| 올리브유 2큰술, 커민가루 1/4작은술, 칠리파우더 1/2작은술, 후춧가루 조금, 레몬즙 1작은술

° **recipe**

1 전병을 만든다.
   ※ 볼에 도토리묵가루, 찹쌀가루, 물을 넣고 거품기로 풀면서 섞는다. → 팬에 올리브유를 두르고 반죽을 한 국자씩 떠올려 얇게 편 다음 약불에서 부친다.

2 퀴노아를 삶는다.

3 샐러드채소와 방울토마토를 잘게 다진다.

4 볼에 드레싱 재료를 넣어 섞고 퀴노아, 샐러드채소, 방울토마토를 넣어 버무린다.

5 전병에 **4**를 올리고 돌돌 말거나 반으로 접는다.

퀴노아패티
버거

453kcal

식물성 불포화 지방산이 풍부한 퀴노아패티를 활용해봅니다. 빵 대신 패티 두 장으로 버거를 만들면 저탄수화물, 고단백의 다이어트 버거가 완성됩니다.

°ingredient

퀴노아 1컵, 양파 1개, 파슬리 1줌, 블랙올리브 4개, 달걀 2개, 통밀가루 1컵, 자색고구마 1/4개, 파프리카(빨강, 노랑) 각 1/4개, 올리브유 1큰술, 후춧가루 조금

°recipe

1   퀴노아를 삶는다.

2   양파를 잘게 썰고 소금을 뿌려 5분간 재운 다음 면보에 싸서 꼭 짜 물기를 제거한다.

3   파슬리와 블랙올리브를 잘게 썬다.

4   볼에 달걀을 풀고 양파, 파슬리, 블랙올리브, 통밀가루, 올리브유, 후춧가루를 넣어 섞은 다음 치댄다.

5   반죽을 주먹 크기로 떠서 패티 모양으로 빚는다.

6   **5**를 올리브유를 두른 팬에 노릇노릇하게 굽거나 180도로 예열한 오븐에서 30분간 굽는다.

7   자색고구마와 파프리카를 슬라이스하고 패티 사이에 넣는다.

프레시
닭안심
샌드위치

378kcal

지방질이 적고 부드러운 닭안심살로 만드는 저칼로리 치킨샌드위치입니다. 외출 시에는 다이어트 식단을 유지하기 어려운 경우가 많기 때문에 집에서 간편하게 준비한 샌드위치를 챙기는 게 꾸준한 식단 유지에 도움이 됩니다.

°ingredient

호밀식빵 2장, 닭고기(안심) 100g, 토마토 1/2개, 파프리카 1/4개, 슬라이스고다치즈 1장, 양상추 2~3장, 후무스 1큰술, 올리브유 1/2큰술, 소금 조금, 후춧가루 조금

°recipe

1   후무스를 되직한 질감으로 준비한다.
    ※후무스 만드는 법은 p.239를 참조한다.

2   닭고기에 칼집을 내고 올리브유, 소금, 후춧가루로 밑간한 다음 10분간 재운다.

3   팬에 **2**의 닭고기를 올려 익힌다.

4   토마토와 파프리카를 얇게 슬라이스한다.

5   호밀식빵을 굽고 각 식빵의 안쪽 면에 후무스를 얇게 펴 바른다.

6   호밀식빵의 한 쪽에 양상추, 파프리카, 토마토, 고다치즈, 닭고기 순으로 올리고 나머지 한 쪽으로 덮는다.

프레시연어
샌드위치
274kcal

연어의 DHA에 있는 불포화 지방산이 혈액 속에 혈전이 생기는 것을 방지해 고혈압, 동맥 경화, 심장병, 뇌졸중 같은 혈관 질환 예방에 효과가 있습니다. 연어는 단백질 함량이 높고 칼로리는 낮아 다이어트 식품으로 좋습니다.

통밀식빵 1장, 연어 100g, 파프리카 1/4개, 케일 2장, 두부마요네
즈 1큰술, 올리브유 1/2큰술, 로즈메리 1줄기, 소금 조금, 후춧가루
조금

1   달군 팬에 올리브유와 로즈메리를 넣어 향을 낸다.

2   1의 팬에 연어를 올려 강불에서 겉면을 익히고 중불로 낮
    춰 속까지 익힌다.
    ※취향에 따라 겉면만 살짝 익히거나 완전히 익힌다.

3   파프리카를 얇게 썬다.

4   통밀식빵을 반으로 가르고 각 식빵의 안쪽 면에 두부마요
    네즈를 펴 바른다.
    ※두부마요네즈 만드는 법은 p.223을 참조한다.

5   통밀식빵의 한 쪽에 케일, 파프리카, 연어 순으로 올리고
    나머지 한 쪽으로 덮는다.

하와이언
그릴드치킨
샌드위치

288kcal

하와이언 바비큐 스타일로 만든 치킨샌드위치입니다. 닭가슴살은 고단백, 저칼로리의 대표적인 다이어트 식품이지만 질리기 쉽습니다. 다이어트 식단을 꾸준히 유지할 수 있도록 닭가슴살 조리법을 다양하게 활용해봅니다.

호밀빵 2장, 닭고기(가슴살) 150g, 토마토 1/4개, 양상추 2장, 파인
애플슬라이스 2장, 디종머스터드 1작은술
|양념| 물 1/4컵, 저염간장 2큰술, 코코넛밀크 1/4컵, 다진 쪽파 1/4
컵, 다진 마늘 1/2큰술, 참기름 1큰술

* recipe

1   토마토를 슬라이스한다.

2   볼에 양념 재료를 넣어 섞는다.
    ※저염간장 만드는 법은 p.230을 참조한다.

3   닭고기에 칼집을 내고 **2**의 양념에 30분 이상 재운다.

4   팬에 **3**의 닭고기를 넣고 중불에서 양념이 졸아들 때까지
    익힌다.
    ※물로 염도를 조절한다.

5   팬의 가장자리에 파인애플을 올리고 노릇노릇하게 굽는다.

6   호밀빵에 디종머스터드를 얇게 펴 바르고 양상추, 토마토,
    닭고기, 파인애플 순으로 올린다.

───────────< **tip** >───────────

코코넛밀크가 들어간 양념을 사용할 경우
닭 비린내를 미리 제거하지 않고 사용해도 됩니다.

Part 3

속 든든한

다이어트

일품요리

단호박현미
리소토

391kcal

식이 섬유가 풍부한 현미로 부드러운 식감과 맛의 리소토를 만들어봅니다. 구운 단호박으로 깊은 풍미를 살린 퓌레는 리소토뿐만 아니라 파스타에도 활용할 수 있으며, 샌드위치나 샐러드의 스프레드로도 잘 어울립니다.

현미 200g, 단호박 2개(2kg), 두유 75mL, 닭고기(가슴살) 100g, 물
1L, 애플사이다식초 2큰술, 허브가루 조금, 파프리카가루 2작은술,
커민가루 1작은술, 올리브유 조금, 후춧가루 조금, 레몬즙 1큰술

° recipe

1 냄비에 현미, 물, 애플사이다식초 1큰술, 허브가루를 넣고
   끓인다.

2 뚜껑을 열고 5분 정도 끓이다가 뚜껑을 덮고 약불에서 45
   분간 더 끓인다.
   ※끓이는 중간중간 저으면서 현미를 속까지 잘 익힌다.

3 단호박을 한입 크기로 썰어 오븐 트레이에 올리고 올리브
   유, 파프리카가루, 커민가루, 후춧가루를 뿌린 다음 190도
   로 예열한 오븐에서 20~30분간 익힌다.

4 푸드 프로세서에 3의 단호박, 두유, 애플사이다식초 1큰술,
   레몬즙을 넣고 크림처럼 될 때까지 갈아 단호박퓌레를 만
   든다.

5 닭고기를 찌거나 삶는다.

6 팬에 현미밥, 닭고기, 단호박퓌레를 넣고 한소끔 끓인다.

⟨ tip ⟩

단호박을 오븐에 구우면 단맛이 더욱 잘 우러나고
다른 재료의 향이 고루 배어들어 아주 맛있습니다.
오븐 대신 냄비에 삶아 사용해도 됩니다.

닭가슴살
프리타타

411kcal

이탈리아식 오믈렛인 프리타타에 햄이나 베이컨 대신 닭가슴살을 넣은 다이어트식 프리타타입니다. 직접 삶은 닭가슴살을 넣어도 좋고 시판되는 다이어트 닭가슴살 제품을 이용해 손쉽게 만들 수도 있답니다.

°ingredient

닭고기(가슴살) 150g, 달걀 3개, 고구마 1개, 느타리버섯 1줌, 시금치 1/2줌, 토마토 1개, 양파 1/2개, 두유 100g, 다진 마늘 1작은술, 올리브유 1/2큰술, 소금 조금, 후춧가루 조금

°recipe

1   볼에 달걀을 풀고 소금과 두유를 넣어 섞는다.

2   닭고기, 고구마, 느타리버섯, 시금치, 토마토, 양파를 먹기 좋게 깍둑썬다.

3   팬에 **2**의 재료, 소금, 후춧가루를 넣어 볶는다.

4   **1**의 달걀물에 **3**을 넣어 섞는다.

5   오븐 용기에 올리브유를 살짝 발라 **4**를 담고 180도로 예열한 오븐에서 30분간 굽는다.

된장마요
치킨덮밥

376kcal

치킨과 브로콜리를 저염된장과 두부마요네즈로 만든 된장 마요소스에 버무리고 밥 위에 올려봅니다. 느끼하지 않으면서 부드럽고 건강한 두부마요네즈와 땅콩을 넣어 고소한 맛을 더했습니다. 취향에 따라 닭고기 대신 돼지고기나 소고기 등을 넣어도 잘 어울린답니다.

°ingredient

밥 1인분, 닭고기(가슴살 또는 안심) 100g, 브로콜리 1/6개, 땅콩 적당량, 후춧가루 조금
|저염된장마요소스| 저염된장 1/2작은술(또는 미소된장 1작은술), 두부마요네즈 2큰술, 플레인요거트 1큰술, 꿀 1작은술(생략 가능)

°recipe

1 닭고기를 찌거나 삶고 한입 크기로 썬다.

2 브로콜리를 한입 크기로 썰고 끓는 물에 데친다.

3 땅콩을 잘게 다진다.

4 볼에 저염된장마요소스 재료를 넣어 섞는다.
   ※저염된장 만드는 법은 p.230을, 두부마요네즈 만드는 법은 p.223을 참조한다.

5 **4**에 닭고기, 브로콜리, 땅콩을 넣어 버무린다.

6 그릇에 밥을 담고 **5**를 올린다.

두부
가지덮밥

322kcal

대표적인 여름 식재료인 가지를 듬뿍 넣은 매콤달콤한 두부가지볶음을 밥에 얹어봅니다. 단백질이 풍부한 두부와 식이 섬유가 가득한 가지의 조합은 저칼로리 채식 메뉴임에도 풍성한 맛을 자랑하는 든든한 한 끼로 훌륭합니다.

°ingredient

밥 1인분, 두부 1/4모, 가지 2개, 양파 1/2개, 청피망 1/2개, 홍고추 1개, 포도씨유 적당량, 다진 마늘 1/2큰술, 저염간장 1큰술, 설탕 1작은술, 채수(또는 다시마육수) 1/2컵, 고추기름 1작은술

°recipe

1 두부를 1cm로 깍둑썰고 키친타월로 물기를 제거한다.

2 가지의 꼭지를 떼고 반으로 가른 다음 길쭉하게 썬다.

3 양파와 청피망을 1cm로 깍둑썰고 홍고추의 씨를 제거해 채썬다.

4 두부를 190도로 예열한 오븐에서 20분간 굽거나 에어 프라이어에 튀긴다.

5 팬에 포도씨유를 두르고 다진 마늘, 가지, 양파, 청피망, 홍고추를 넣어 볶는다.

6 두부, 저염간장, 설탕, 채수, 고추기름을 넣고 볶는다.
※저염간장 만드는 법은 p.230을 참조한다.

7 그릇에 밥을 담고 **6**을 올린다.

두부
귤덮밥

310kcal

아미노산이 풍부한 두부는 훌륭한 단백질 공급원일 뿐만 아니라 콜레스테롤 수치를 내려주는 역할을 하는 리놀렌산 성분이 들어 있어 다이어트에 큰 도움이 됩니다. 두부를 오븐에 구우면 겉은 바삭하고 속은 부드러워진답니다.

°ingredient

밥 1인분, 두부 1/2모, 귤 1개(또는 오렌지 1/2개), 저염간장 1작은술, 꿀 1큰술, 녹말물 2작은술(녹말:물=1:1), 쪽파 3대, 참깨 약간

|1차 마리네이드| 꿀 2큰술, 레드와인식초 1큰술, 참기름 1작은술, 올리브유 2큰술, 후춧가루 조금

°recipe

1 두부를 1cm로 깍둑썰고 키친타월로 물기를 제거한다.

2 귤 알맹이를 낱개로 떼고 쪽파를 송송 썬다.

3 볼에 1차 마리네이드 재료, 두부, 귤을 넣고 버무린 다음 15분간 재운다.

4 오븐 트레이에 종이 포일을 깔고 **3**을 올린 다음 190도로 예열한 오븐에서 20분간 겉이 바삭해지도록 굽는다.

5 작은 냄비에 **4**, 저염간장, 꿀, 녹말물을 넣고 중불에서 한소끔 끓인다.
※저염간장 만드는 법은 p.230을 참조한다.

6 그릇에 밥을 담고 **5**를 올린 다음 참깨와 쪽파를 뿌린다.

라타투이

274kcal

프랑스 가정식 스튜인 라타투이는 채소를 듬뿍 넣어 푸짐하고 소스가 자극적이지 않아 다이어트식으로 추천하는 메뉴입니다. 직접 만든 토마토소스를 이용하면 더 낮은 칼로리로 맛있는 라타투이를 완성할 수 있습니다.

°ingredient

주키니 1/2개, 토마토 2개, 가지 1개, 토마토소스 100g, 바질잎 4장, 올리브유 2큰술, 소금 조금, 후춧가루 조금

°recipe

1 주키니, 토마토, 가지를 동그란 모양으로 얇게 썬다.

2 오븐 용기 바닥에 토마토소스를 얇게 펴 바른다.
　※토마토소스 만드는 방법은 p.235를 참조한다.

3 **1**의 채소를 번갈아가며 가지런히 올린다.

4 올리브유, 소금, 후춧가루, 바질잎, 남은 토마토소스를 뿌린다.

5 180도로 예열한 오븐에서 25분간 굽는다.

불고기
덮밥

443kcal

훌륭한 단백질 공급원인 고기 섭취 시 식이 섬유가 풍부한 채소와 함께 먹는 게 좋습니다. 양파는 피하 지방 세포의 분해를 막고 혈중 콜레스테롤 수치를 낮추는 효과가 있습니다.

°ingredient

밥 1인분, 소고기(불고기용) 150g, 양파 1/2개, 대파 1/4대, 당근 1/4개, 양배추 1줌, 올리브유 조금 |소고기양념| 저염간장 1큰술, 설탕 1/2큰술, 물 1/2컵, 다진 마늘 1작은술, 다진 생강 1/4작은술, 사과(또는 배)(간 것) 2큰술, 매실액 1큰술, 후춧가루 조금, 참기름 1/2작은술

°recipe

1   키친타월로 소고기의 핏물을 제거하고 볼에 소고기와 소고기양념 재료를 넣어 충분히 주무른 다음 냉장고에서 30분 이상 재운다.
    ※저염간장 만드는 법은 p.230을 참조한다.

2   양파, 당근, 대파, 양배추를 얇게 채썬다.

3   팬에 올리브유를 두르고 양파를 넣어 약불에서 갈색 빛이 돌 때까지 볶아 캐러멜라이즈한 다음 덜어둔다.

4   팬에 1의 소고기를 넣어 익힌다.

5   소고기가 어느 정도 익으면 양파, 당근, 대파, 양배추를 넣고 강불에서 볶는다.

6   그릇에 밥을 담고 5를 올린다.

불닭
브로콜리
덮밥

454kcal

퍽퍽한 닭가슴살만 먹으며 버티는 다이어트 식단은 오래 지속하기 힘듭니다. 다양한 요리법으로 만든 맛있는 닭가슴살 요리는 성공적인 식단 관리에 도움을 줄 수 있답니다.

°ingredient

밥 1인분, 닭고기(가슴살 또는 안심) 100g, 브로콜리 70g, 청양고추 1개, 다진 마늘 1작은술, 포도씨유 적당량

|밑간| 청주(또는 맛술) 1큰술, 후춧가루 조금

|양념| 저염간장 1과1/5큰술, 고추장 1큰술, 고춧가루 1큰술, 올리고당 1큰술, 물 10큰술, 된장 1/2큰술

°recipe

1   닭고기를 한입 크기로 썬다.

2   볼에 닭고기와 밑간 재료를 넣어 버무리고 10분 이상 재운다.

3   브로콜리를 먹기 좋게 썰고 청양고추를 송송 썰고 방울토마토를 2등분한다.

4   달군 팬에 포도씨유를 두르고 브로콜리, 청양고추, 다진 마늘을 넣어 30초간 볶는다.

5   2의 닭고기를 넣고 익힌 다음 양념 재료를 넣어 강불에서 볶는다.
    ※저염간장 만드는 법은 p.230을 참조한다.

6   그릇에 밥을 담고 닭고기, 방울토마토, 브로콜리를 조화롭게 올린다.

숙성
연어구이
덮밥

398kcal

연어를 다시마에 숙성시켜 깊은 맛을 이끌어냈습니다. 고급 일식집에서 만날 수 있는 메뉴이지만 레시피를 따라 하면 집에서도 쉽게 만들어 즐길 수 있습니다.

°ingredient

밥 1인분, 연어 150g, 다시마(큰 것) 1장, 타르타르소스 2큰술, 청주 2컵, 소금 조금, 후춧가루 조금

°recipe

1 볼에 청주를 붓고 다시마를 넣어 불린다.

2 다시마의 숨이 죽으면 미끈한 질감이 없어질 때까지 문질러 닦는다.

3 연어를 해동지나 종이 포일로 감싼다.

4 3의 겉면을 다시마로 감싸 냉장고에서 30분간 숙성시킨다.

5 달군 팬에 연어를 올려 겉면만 살짝 익힌다.

6 그릇에 밥을 담고 연어를 올린 다음 타르타르소스를 뿌린다.
　※타르타르소스 만드는 방법은 p.224를 참조한다.
　※취향에 따라 각종 채소나 과일을 곁들인다.

에그인헬

393kcal

이스라엘의 아침 메뉴인 샤크슈카는 에그인헬이라는 애칭으로 더 유명합니다. 토마토소스에 빠진 달걀이 마치 지옥불에 떨어진 것 같다고 해서 붙은 재미있는 이름입니다. 산뜻한 한 그릇 브런치로도 좋고 색다른 주말 메뉴로도 좋습니다.

닭고기(가슴살) 200g, 달걀 2~3개, 양파 1/2개, 가지 1개, 느타리버섯 1줌, 토마토소스 2컵, 물 1/2컵, 다진 마늘 1큰술, 바질잎 8장, 올리브유 조금, 후춧가루 조금, 파슬리가루 조금

°recipe

1　닭고기를 찌거나 삶고 1cm로 깍둑썬다.

2　가지를 1cm로 깍둑썰고 양파를 잘게 다지고 느타리버섯을 잘게 찢는다.

3　팬에 올리브유를 두르고 다진 마늘, 양파, 닭고기를 넣어 볶는다.

4　가지와 느타리버섯을 넣어 볶다가 토마토소스와 물을 넣고 끓인다.
　　※토마토소스 만드는 방법은 p.235를 참조한다.

5　오븐 용기에 **4**를 옮겨 담고 달걀을 깨뜨려 올린 다음 200도로 예열한 오븐에서 20분간 굽는다.
　　※**4**의 팬에 달걀을 깨뜨려 올리고 뚜껑을 덮어 익혀도 좋다.

6　후춧가루와 파슬리가루를 뿌리고 바질잎을 조화롭게 올린다.

───◁ tip ▷───

매콤한 맛을 좋아한다면 재료를 볶을 때
청양고추나 페퍼론치노를 넣으면 좋습니다.

연어
포케

448kcal

하와이식 덮밥인 포케는 신선한 재료들을 한 그릇에 듬뿍 담아 먹는 건강식입니다. 신선한
생연어와 부드러운 아보카도를 올려 몸이 가벼워지는 덮밥을 만들 수 있습니다.

밥 1인분, 생연어 150g, 아보카도 1/2개, 토마토 1/2개, 양상추 1줌,
파인애플슬라이스 1장, 레몬슬라이스 1장, 레몬즙 1/2작은술, 올리
브유 1작은술, 화이트와인식초 1작은술, 생와사비 1/2작은술, 소금
조금, 후춧가루 조금

° recipe

1   연어를 1~2cm로 깍둑썰기한다.

2   볼에 연어, 레몬즙, 올리브유, 식초, 생와사비, 소금, 후춧가
     루를 넣어 버무리고 5분간 재운다.

3   아보카도를 세로로 잘라 껍질과 씨를 제거하고 썬다.

4   토마토를 잘게 다지고 올리브유를 살짝 뿌려 섞는다.

5   양상추와 파인애플을 먹기 좋게 썬다.

6   그릇에 밥을 담고 연어, 아보카도, 토마토, 양상추, 파인애
     플, 레몬슬라이스를 조화롭게 올린다.

주꾸미볶음
덮밥

478kcal

매콤한 맛을 살린 주꾸미볶음은 입맛을 돋우는 데 그만입니다. 주꾸미의 타우린 성분은 간에 쌓인 콜레스테롤을 배출시키는 데 도움이 되어 간 질환 예방과 피로 회복에 좋습니다.

밥 1인분, 주꾸미 200g, 대파 1/4대, 양파 1/2개, 청양고추 1개, 당근 1/4개, 포도씨유 1작은술, 참기름 1작은술, 통깨 조금, 밀가루 조금, 굵은소금 조금

|양념| 고추장 1/2큰술, 고춧가루 1큰술, 저염간장 1작은술, 매실청 1큰술, 청주 1큰술, 다진 마늘 1큰술, 후춧가루 조금

°recipe

1   주꾸미의 내장, 먹물, 입, 눈알을 제거해 손질한다.

2   볼에 밀가루와 굵은소금을 넣어 주꾸미를 문질러 닦고 흐르는 물에 깨끗이 씻은 다음 먹기 좋게 썬다.

3   볼에 양념 재료를 넣어 섞고 **2**의 주꾸미를 넣어 버무린 다음 1시간 동안 재운다.
    ※저염간장 만드는 법은 p.230을 참조한다.

4   대파, 양파, 청양고추, 당근을 잘게 채썬다.

5   팬에 포도씨유를 두르고 **4**의 채소를 볶다가 익으면 주꾸미를 넣어 살짝 볶는다.

6   그릇에 밥을 담고 **5**를 올린 다음 참기름과 통깨를 뿌린다.

tip

주꾸미를 손질할 때 거품이 날 정도로
바락바락 문질러 씻어냅니다.
주꾸미는 오래 볶으면 질겨지니
마지막에 넣어 단시간에 조리합니다.

중화풍
셀러리비프덮밥

554kcal

중국 음식에서 자주 볼 수 있는 셀러리는 아삭한 식감과 특유의 향이 매력적인 재료입니다. 생셀러리를 고소한 후무스나 수제 마요네즈에 찍어 먹기도 하고 그린스무디에 넣어 갈아 먹기도 합니다. 볶음 요리에 넣어도 독특한 향과 식감을 낼 수 있답니다.

°ingredient

밥 1인분, 소고기(구이용) 150g, 셀러리 1/3대, 대파 1/4대, 고추기름 1/2작은술, 녹말물(녹말가루 1큰술+다시마육수 200mL), 포도씨유 조금, 후춧가루 조금
|**소고기양념**| 생강청(또는 매실액) 1큰술, 저염간장 1/2큰술, 양파즙 1큰술, 다진 마늘 1작은술, 정종 1큰술, 다진 생강 1/2작은술, 후춧가루 조금

°recipe

1 소고기를 한입 크기로 썰고 소고기양념에 30분간 재운다.
※저염간장 만드는 법은 p.230을 참조한다.

2 셀러리의 껍질(질긴 끈 부분)을 살짝 벗기고 잘게 썬다.

3 대파를 잘게 다진다.

4 팬에 포도씨유와 대파를 넣고 볶아 향을 낸다.

5 **4**의 팬에 셀러리를 넣어 강불에 볶고 덜어둔다.

6 같은 팬에 고추기름을 두르고 **1**의 소고기를 넣어 볶는다.

7 소고기가 익으면 **5**의 셀러리와 녹말물을 넣고 재빨리 볶는다.

8 그릇에 밥을 담고 **7**을 올린다.

중화풍
크리스피두부덮밥

412kcal

칼로리를 낮춰 구운 크리스피두부를 매콤하게 졸였습니다. 중국식 볶음 요리의 기본은 마늘과 대파를 기름에 볶아 향을 내는 것으로부터 시작됩니다. 고추기름을 미리 만들어두면 매콤한 볶음 요리에 유용하게 쓸 수 있습니다.

밥 1인분, 두부 1/2모, 부추 조금, 고추 1개, 마늘 1톨, 생강 1/4쪽, 대파 1/3대, 포도씨유 적당량, 고춧가루 1/2작은술, 설탕 1작은술, 참기름 1작은술, 고추기름 1작은술, 채수 3큰술, 녹말물(녹말가루 1큰술+다시마육수 200mL) 1큰술

recipe

1   두부를 1cm로 깍둑썰고 키친타월로 물기를 제거한다.

2   팬에 포도씨유를 넉넉히 두르고 두부를 넣어 겉면이 단단해질 때까지 튀기듯 구운 다음 키친타월에 올려 기름기를 뺀다.

3   마늘과 생강을 얇게 저미고 대파와 고추를 어슷썰고 부추를 먹기 좋게 썬다.

4   팬에 포도씨유를 두르고 마늘, 생강, 대파를 넣어 향을 낸다.
    ※ 포도씨유가 달궈지기 전에 마늘, 생강, 대파를 넣어야 향이 잘 배어나온다.

5   두부, 고추, 부추, 고춧가루, 설탕, 채수를 넣고 졸이다가 참기름, 고추기름, 녹말물을 넣어 더 졸인다.

6   그릇에 밥을 담고 **5**를 올린다.

채식
피자

478kcal

메밀과 통밀가루를 넣어 반죽한 수제 토르티야 도우에 구운 채소 토핑을 올려 만든 채식 피자입니다. 수제 토마토소스는 시판 제품보다 열량과 나트륨 함량이 적어 칼로리를 낮추는 데 좋습니다.

|토르티야| 통밀가루 200g, 메밀가루 30g, 코코넛오일 10mL, 소금
조금, 물 100~150g
|토핑| 가지 1/2개, 애호박 1/2개, 양송이버섯 5개, 피망 1/2개, 블랙
올리브 3개, 소금 조금, 후춧가루 조금, 토마토소스 3큰술, 서염치즈
30g

•recipe

1   볼에 토르티야 재료를 넣고 가루가 보이지 않을 때까지 치
댄다.

2   반죽을 4등분해 공 모양으로 둥글리고 랩으로 덮어 30분
간 숙성시킨다.

3   밀대로 **2**를 얇고 동그랗게 민다.
※지름 20~25cm 정도의 원을 만든다.

4   가지, 애호박, 양송이버섯, 피망, 블랙올리브를 얇게 슬라
이스한다.

5   팬에 가지, 애호박, 양송이버섯, 피망을 올리고 소금과 후
춧가루로 간해 굽는다.

6   오븐 트레이에 토르티야를 올리고 토마토소스를 바른 다
음 **5**의 채소, 블랙올리브, 저염치즈를 올린다.
※토마토소스 만드는 방법은 p.235를 참조한다.

7   190도로 예열한 오븐에서 30분간 굽는다.

프리타타

달걀을 주재료로 한 프리타타는 저탄수화물, 고단백 식단에 알맞은 메뉴입니다. 프리타타는 만들기 쉽고 맛과 영양이 풍부해 훌륭한 한 끼 식사랍니다. 또한 운동 전후 단백질 공급을 책임지는 고단백 레시피로 좋습니다.

[•]ingredient

달걀 4개, 우유 40mL, 양파 1/2개, 시금치(또는 브로콜리) 1줌, 방울토마토 5개, 다진 마늘 1작은술, 코코넛오일 1작은술, 후춧가루 조금

[•]recipe

1   양파를 채썰고 시금치를 먹기 좋게 썰고 방울토마토를 반으로 가른다.

2   팬에 코코넛오일을 두르고 양파, 시금치, 다진 마늘을 넣어 살짝 볶는다.

3   볼에 달걀, 우유, 후춧가루를 넣고 거품기로 푼 다음 **2**를 섞는다.

4   오븐 용기에 **3**을 담고 방울토마토를 올린다.

5   180도로 예열한 오븐에서 25분간 굽는다.

tip

우유를 아몬드밀크, 캐슈너트밀크, 오트밀크, 두유 등으로 대체해도 좋습니다.

Part 4

후루룩
한 끼

다이어트

면 요리

저염
야키소바

340kcal

소바는 메밀가루를 주원료로 만든 일본식 면입니다. 메밀가루 함량이 높은 소바는 메밀 특유의 쌉쌀한 맛이 잘 느껴지고 밀가루 함량이 상대적으로 적습니다. 간이 센 일본식 야키소바의 양념을 저염식으로 바꾸고 채소를 듬뿍 넣어 나트륨 함량을 줄였습니다.

°ingredient

메밀면 1인분, 달걀 1개, 양배추 1/4개, 당근 1/2개, 포도씨유 조금

|양념| 생강 1작은술, 미림 1작은술, 저염간장 1작은술, 저염굴소스 1작은술, 토마토소스 1큰술, 설탕 1/2큰술, 참기름 1작은술, 녹말물 2작은술(녹말:물=1:1)

°recipe

1 볼에 양념 재료를 넣어 섞는다.
   ※저염간장 만드는 법은 p.230을, 토마토소스 만드는 법은 p.235를 참조한다.

2 끓는 물에 메밀면을 넣고 5분간 삶은 다음 건져내 찬물에 헹군다.

3 양배추를 2cm로 깍둑썰고 당근을 채썬다.

4 달걀을 풀어 얇게 지단을 부치고 마름모 모양으로 썬다.

5 팬에 포도씨유를 두르고 달걀지단, 양배추, 당근을 넣어 볶는다.

6 **5**에 메밀면과 양념을 넣어 강불에서 1분간 볶는다.

아몬드크림
주키니누들

245kcal

저탄수화물 주키니누들(애호박국수)을 이용한 아몬드크림 파스타입니다. 아몬드밀크로 만든 채식 크림은 칼로리가 낮고 고소한 맛이 일품인 파스타소스랍니다.

°ingredient

주키니(또는 애호박) 1개, 아몬드슬라이스 1/2큰술, 건크랜베리 4개 |소스| 두부 1/2모, 아몬드밀크 200mL, 소금 조금, 후촛가루 조금

°recipe

1   주키니를 채칼로 아주 얇게 채썰고 소금을 뿌려 5분간 둔다.
2   **1**의 주키니를 면보에 싸서 물기를 꼭 짠다.
3   푸드 프로세서에 소스 재료를 넣어 곱게 간다.
4   볼에 주키니, 아몬드슬라이스, 건크랜베리를 넣고 소스를 부어 버무린다.

두부
팟타이
335kcal

태국의 대표적인 볶음쌀국수 요리인 팟타이를 손쉽게 만들 수 있습니다. 글루텐 프리이면서 저염 식품인 쌀국수를 사용하고 두부를 넣어 단백질 함량을 높인 건강한 팟타이 레시피입니다.

쌀국수면(건면) 100g, 두부(단단한 것) 1/4모, 샬롯 2개(또는 양파 1/2개), 마늘 2톨, 고수 1/2줌, 당근 1/4개, 쪽파 조금, 달걀 1개, 라임 1개, 볶음땅콩 2작은술, 포도씨유 조금
|소스| 피시소스(또는 멸치액젓이나 까나리액젓) 1직은술, 설탕 2작은술, 식초 2작은술, 저염간장 1작은술, 고춧가루 조금(생략 가능)

•recipe

1 쌀국수면을 끓는 물에서 4분간 삶고 체에 밭쳐 물기를 제거한다.

2 샬롯, 마늘, 쪽파, 고수를 잘게 다지고 당근을 얇게 채썬다.

3 두부를 2cm로 깍둑썰고 팬에 노릇노릇하게 구운 다음 덜어둔다.

4 같은 팬에 샬롯과 마늘을 넣고 볶다가 당근을 넣어 볶은 다음 한쪽으로 밀어둔다.

5 팬의 남는 한쪽에 달걀을 깨뜨려 넣고 스크램블한다.

6 소스 재료, 쌀국수면, 두부를 넣고 강불에서 1분간 볶는다.
   ※저염간장 만드는 법은 p.230을 참조한다.

7 그릇에 **6**을 담고 라임즙과 거칠게 부순 볶음땅콩을 뿌린다.

⬡ tip ⬡

두부 대신 닭가슴살이나
새우를 사용해도 좋습니다.

브라질너트
그린페스토파스타
477kcal

다량의 셀레늄과 미네랄을 함유한 브라질너트는 강한 항산화 작용과 면역력 증진 효능이
있어 항암 견과류라고도 불립니다. 수제 그린페스토에 잣 대신 브라질너트를 넣어 고소한
맛을 살려봅니다. 그린페스토는 한번 만들어놓으면 파스타, 리소토, 샌드위치 등에 다양하
게 쓸 수 있습니다.

펜네 200g, 완두콩 100g, 애호박 1개, 브로콜리 1/2개, 올리브유 1
큰술
|저염페스토(4인분)| 브라질너트 120g, 잣 30g, 루콜라 100g, 아보
카도 1개, 엑스트라버진올리브유 12큰술, 다진 마늘 3작은술, 레몬
즙 1큰술, 물 8큰술, 후춧가루 조금

°recipe

1 저염페스토를 만든다.
　　※푸드 프로세서에 브라질너트와 잣을 넣고 곱게 간다.
　　→ 루콜라, 아보카도 과육, 다진 마늘, 레몬즙, 올리브유,
　　물, 후춧가루를 넣고 크리미한 상태가 될 때까지 간다.

2 끓는 물에 펜네를 넣고 올리브유 1~2방울을 떨어뜨려 12
　　분간 삶는다.

3 냄비에 찬물을 붓고 완두콩을 넣어 삶은 다음 완두콩이 익
　　으면 건져내 물기를 제거한다.

4 애호박과 브로콜리를 먹기 좋게 썰고 올리브유를 두른 팬
　　에 5분간 볶는다.

5 4에 펜네와 완두콩을 넣고 저염페스토를 부어 섞는다.

---

tip

루콜라 대신 바질이나 시금치로도
페스토를 만들 수 있습니다.
저염페스토에는 소금을 넣지 않았기 때문에
냉동 보관하고 되도록 보관 기간을 짧게 하는 게 좋습니다.

비빔
당면
435kcal

비빔당면은 부산의 명물 먹거리입니다. 새콤달콤매콤한 비빔장이 잃어버린 입맛을 살려주는 데 특효랍니다. 당면 자체가 나트륨 함량이 매우 적은 데다 어묵 대신 유부를 사용해 나트륨을 더욱 줄였습니다.

*ingredient

당면 100g, 시금치(또는 부추) 조금, 유부 2장, 당근 1/4개, 단무지
2줄, 참기름 조금, 참깨 조금
|양념장| 다진 쪽파 2큰술, 고춧가루 1큰술, 저염간장 1큰술, 매실청
1큰술, 설탕 1/2큰술, 다진 마늘 1작은술, 후춧가루 조금, 참깨 소금,
참기름 1작은술

*recipe

1 당면을 찬물에 담가 30분 이상 불리고 끓는 물에서 6~10
분간 삶아 찬물에 헹군 다음 체에 밭쳐 물기를 제거한다.

2 시금치를 먹기 좋게 썰어 끓는 물에 살짝 데치고 찬물에
헹궈 물기를 꼭 짠다.

3 볼에 시금치, 참기름, 참깨를 넣어 무친다.

4 유부와 당근을 끓는 물에 살짝 데치고 채썬다.
※유부는 초밥용이 아닌 조미되지 않은 유부를 사용한다.

5 단무지를 채썰고 시금치를 손가락 길이로 썬다.

6 작은 볼에 양념장 재료를 넣어 섞는다.
※저염간장 만드는 법은 p.230을 참조한다.

7 그릇에 당면, 시금치, 유부, 당근, 단무지를 조화롭게 올리
고 참깨를 뿌린 다음 양념장을 곁들여 낸다.

---

tip

고구마녹말이 주원료인 당면의 나트륨 함량은
100g당 4mg로 상당히 낮아
저염식 식단에 적합한 재료입니다
(시판 소면의 나트륨 함량은 100g당 1400mg).

일본식
소바김초밥

212kcal

소바김초밥은 메밀국수를 김밥처럼 김에 올려 만 것으로 메밀면의 색다른 식감을 즐길 수 있습니다.

메밀면 1인분, 김(김밥용) 3장, 시금치(또는 무순) 1줌, 당근 1/2개,
달걀 1개, 단무지 2줄, 다시마물 30g, 참기름 조금, 참깨 조금, 올
리브유 조금

|소스| 다시마물 4큰술, 레몬즙 2큰술, 저염간상 1큰술, 미림 1큰술,
참깨 조금

*recipe

1   끓는 물에 메밀면을 삶고 건져내 물기를 제거한다.

2   시금치를 끓는 물에 데쳐 물기를 꼭 짜고 참기름과 참깨를
    넣어 무친다.

3   당근을 채썰고 팬에 볶는다.

4   달걀을 풀고 다시마물을 섞은 다음 올리브유를 두른 팬에
    부친다.
    ※취향에 따라 달걀지단을 얇게 부쳐 여러 겹 겹쳐 넣거나
    달걀말이로 두툼히 부쳐 넣는다.

5   김 1장을 깔고 가운데에 김 1/2장을 덧대 올린다.

6   김 위에 메밀면을 올리고 시금치, 당근, 달걀, 단무지를 올
    린 다음 돌돌 만다.

7   볼에 소스 재료를 넣어 섞는다.

8   김초밥을 먹기 좋게 썰어 그릇에 담고 소스를 곁들여 낸다.

─(tip)─
김초밥을 말고 3~4분 정도 둬야
재료가 잘 뭉쳐져 썰기 쉽습니다.
칼에 물을 묻히면 김초밥이 잘 썰립니다.

잔치
쌀국수
356kcal

쌀국수면은 글루텐 프리 식품으로 밀가루면을 대체하기 좋습니다. 집에서 간편하게 만들어 먹는 잔치국수에 사용되는 시판 밀가루면은 상당히 높은 나트륨을 함유하고 있습니다. 반면 쌀국수면의 경우 나트륨 함량이 매우 낮아 저염식 식단에 딱이랍니다(시판 소면의 나트륨 함유량 100g당 1400mg, 쌀국수면은 100g당 25mg).

쌀국수면 1인분, 당근 1/3개, 표고버섯 1개, 달걀 1개, 채수(또는 멸치육수나 소고기육수) 500mL, 대파 1/3대, 소고기(양지나 사태) 50g, 참기름 2작은술, 저염간장 1/2작은술, 다진 마늘 1작은술, 참깨 조금, 포도씨유 조금

1   쌀국수면을 찬물에 30분간 불린다.

2   당근을 채썰고 표고버섯을 얇게 슬라이스한다.

3   팬에 포도씨유를 두르고 당근, 표고버섯, 다진 마늘, 참기름, 참깨를 넣어 볶는다.

4   달걀을 풀어 얇게 지단을 부치고 채썬다.

5   소고기를 삶고 먹기 좋게 썬다.

6   냄비에 채수를 붓고 대파, 저염간장, 다진 마늘을 넣고 끓인다.
    ※저염간장 만드는 법은 p.230을 참조한다.

7   끓는 물에 쌀국수면을 넣어 30초간 삶고 건진다.

8   그릇에 쌀국수면을 담고 달걀지단, 당근, 표고버섯, 소고기를 조화롭게 올린 다음 6의 국물을 붓는다.

tip

채수는 무, 표고버섯, 양파, 연근, 우엉, 다시마, 대파 등
각종 채소를 넣고 우려내 만듭니다.

중화풍 청경채
스파이시비프면
474kcal

매콤한 맛을 살려 중화풍으로 만든 청경채소고기볶음을 올린 든든한 일품요리입니다. 고기는 되도록 기름기가 적은 살코기를 골라 양질의 단백질만 섭취할 것을 권장합니다. 소고기의 경우 지방이 많은 등심이나 채끝살보다 안심이 좋습니다.

현미파스타면 100g, 소고기(안심) 120g, 청경채 4포기, 건고추(매운 것) 2개, 고춧가루 1작은술, 고추기름 1작은술, 다진 마늘 1작은술, 다진 생강 1/3작은술, 저염간장 1/2작은술, 포도씨유 조금, 후춧가루 조금

°**recipe**

1 파스타면을 끓는 물에 삶는다.
　　 ※면수를 조금 남겨둔다.

2 청경채를 끓는 물에 머리 부분부터 넣어 30초간 살짝 데친다.

3 소고기를 1cm로 깍둑썬다.

4 팬에 포도씨유, 마늘, 생강을 넣고 볶아 향을 낸다.

5 **4**의 팬에 소고기를 넣어 강불에서 볶다가 익으면 청경채, 건고추, 고추기름, 고춧가루, 저염간장, 후춧가루를 넣어 볶는다.
　　 ※저염간장 만드는 법은 p.230을 참조한다.

6 파스타면과 면수 2큰술을 넣고 1분간 섞는다.

⌐ **tip** ¬
체중 감량뿐만 아니라 당뇨 및
각종 성인병을 관리해야 할 경우에는 특히 고기 섭취 시
지방이 적은 부위를 고르는 것이 중요합니다.

치킨알프레도
펜네파스타
310kcal

당분이 적은 두유로 크림소스를 만들어 칼로리를 낮춘 펜네파스타입니다. 다이어트 식단이라고 해서 무조건 제한적일 필요는 없습니다. 건강한 재료로 대체한다면 크림파스타를 건강하고 가볍게 즐길 수 있답니다.

펜네 100g, 닭고기(가슴살 또는 안심) 150g, 브로콜리 1/4개, 소금 조금, 후춧가루 조금, 올리브유 2작은술, 무염버터 1작은술, 밀가루 1큰술, 두유(또는 아몬드밀크) 200mL, 우유 적당량

1   닭고기를 30분간 우유에 담가 잡내를 제거하고 한입 크기로 썬 다음 소금과 후춧가루로 간한다.

2   펜네를 끓는 물에서 10분간 삶고 건진다.

3   **2**의 면수에 브로콜리를 넣어 살짝 데치고 한입 크기로 썬다.

4   팬에 올리브유를 두르고 닭고기를 굽는다.

5   팬에 무염버터와 밀가루를 넣어 걸쭉해질 때까지 젓다가 두유를 넣고 졸인다.

6   **5**가 졸아들면 펜네와 닭고기를 넣어 섞는다.

tip

두유는 당분이 최대한 적은 것으로 선택합니다.
두유 대신 생크림과 우유를 1:1 비율로 넣어도 좋습니다.

콜드
파스타

297kcal

차갑게 먹는 콜드파스타는 더운 여름에 특히 잘 어울립니다. 신선한 샐러드채소와 이탤리
언드레싱으로 버무린 콜드파스타를 불 앞에서 요리하기 꺼려지는 무더운 여름날에 별미로
즐겨봅니다. 면이 잘 붇지 않아 파티 음식이나 나들이 도시락으로도 그만입니다.

*ingredient

펜네 100g, 샐러드채소(케일, 치커리, 적겨자 등) 2줌, 방울토마토 5개, 블랙올리브 2개, 달걀 1개

|이탈리언드레싱| 올리브유 2큰술, 식초 2작은술, 다진 이탈리언파슬리 1큰술, 마늘가루 1꼬집, 다진 생바질잎 조금, 후춧가루 조금

*recipe

1 펜네를 끓는 물에서 10분간 삶는다.

2 샐러드채소를 먹기 좋게 뜯고 방울토마토를 반으로 가르고 블랙올리브를 슬라이스한다.

3 달걀을 삶아 8등분한다.

4 볼에 이탈리언드레싱 재료를 넣어 섞는다.

5 **4**에 펜네, 샐러드채소, 방울토마토, 블랙올리브를 넣어 버무리고 냉장고에서 30분간 식힌다.

6 그릇에 **5**를 담고 **3**의 달걀을 곁들인다.

토마토소스
주키니누들

225kcal

면 요리를 먹을 때 탄수화물을 많이 섭취하게 될까 봐 걱정한 경험이 한 번쯤은 있을 겁니다. 칼로리 걱정 없는 로푸드 조리법을 활용한 주키니누들을 좀 더 대중적인 레시피로 바꿔봤습니다.

°ingredient

주키니(또는 애호박) 1개, 토마토소스 200g, 아몬드슬라이스 1작은술, 소금 조금, 후춧가루 조금
|토마토소스| 토마토 3개, 캐슈너트 4개, 올리브유 1작은술, 마늘 3톨, 파슬리가루 조금

°recipe

1   푸드 프로세서에 토마토소스 재료를 넣고 곱게 간다.
2   주키니를 채칼로 아주 얇게 채썰고 소금과 후춧가루를 뿌려 5분간 둔다.
3   2의 주키니를 면보에 싸서 물기를 꼭 짠다.
4   볼에 주키니, 아몬드슬라이스, 토마토소스를 넣고 버무린다.

(tip)

토마토에 십자 모양으로 칼집을 내어
끓는 물에 데치고 껍질을 벗겨 사용하면
식감이 더욱 부드러워집니다.

팔라펠
펜네파스타
466kcal

팔라펠은 건강한 콩과 채소를 듬뿍 넣은 채식 미트볼입니다. 펜네파스타에 곁들여 맛있는 한 끼를 완성해봅니다.

펜네 100g, 단호박퓌레(또는 토마토소스) 200g, 올리브유 적당량, 후춧가루 조금

|팔라펠반죽| 가지 2개, 적양파 1개, 병아리콩 1컵, 다진 마늘 2작은술, 레몬즙 1작은술, 발사믹식초 1/2작은술, 생바질잎 1줌, 허브가루 1작은술, 건고추씨(굵은 것) 1꼬집(생략 가능), 올리브유 조금

°recipe

1   팔라펠반죽을 만든다.
    ※가지와 적양파를 잘게 다지고 올리브유를 두른 팬에
    볶는다. → 다진 마늘과 레몬즙을 넣고 가지가 물러질 때
    까지 볶는다. → 병아리콩을 삶는다(병아리콩 삶는 법은
    P.238을 참조한다). → 푸드 프로세서에 가지, 양파, 병아
    리콩과 나머지 팔라펠반죽 재료를 넣고 간 다음 치대 반
    죽을 만든다. → 반죽을 나눠 공 모양으로 빚는다. → 빚
    은 반죽을 쟁반에 올리고 면보를 덮은 다음 냉장고에서
    30분간 숙성시킨다.

2   펜네를 끓는 물에서 삶는다.

3   팬에 올리브유를 넉넉히 두르고 1의 빚은 반죽을 올린 다
    음 튀기듯이 굽는다.

4   남은 기름을 닦아내고 단호박퓌레를 넣은 다음 팔라펠에
    스며들도록 끓인다.
    ※단호박퓌레 만드는 법은 P.87을 참조한다.

5   4에 펜네를 넣고 1분간 끓인 다음 후춧가루를 뿌린다.

Part 5

맛 & 영양
만점

다이어트

고단백 요리

갈릭치킨
스테이크

345kcal

마늘은 혈액 내 활성 산소, 노폐물, 독소 배출에 도움이 되고 체내의 나쁜 콜레스테롤 수치를 낮추는 효과가 있습니다. 고단백 식품인 닭고기에 마늘소스를 듬뿍 얹어 건강한 치킨스테이크를 구워봅니다.

°ingredient

닭고기(정육) 2덩이, 단호박 1/8개

|양념| 올리브유 2큰술, 다진 마늘 1작은술, 마늘 2톨, 아가베시럽 1작은술, 생바질잎 2장(또는 허브가루 조금), 소금 조금, 후춧가루 조금

°recipe

1 볼에 양념 재료를 넣어 섞는다.
   ※생바질잎은 잘게 다져 사용한다.

2 닭고기에 칼집을 내고 1에 넣어 버무린다.

3 달군 팬에 닭고기를 올려 겉면이 노릇노릇해지도록 굽는다.

4 단호박을 슬라이스하고 같은 팬에서 굽는다.

5 그릇에 닭고기와 단호박을 조화롭게 올린다.

강황 닭꼬치

280kcal

강황은 신진대사를 원활하게 하고 체내의 불필요한 지방 축적을 억제하며 지방을 분해하는 담즙 생성에 도움이 됩니다. 칼로리가 낮고 포만감과 식이 섬유가 풍부한 단호박과 건강한 소스를 곁들여봅니다.

*ingredient

닭고기(가슴살) 200g, 단호박 1/8개, 브로콜리 1/4개, 올리브유 1큰술, 소금 조금, 후춧가루 조금
|소스| 단호박 1/4개, 달걀 1개, 강황가루(또는 울금가루) 1/2작은술

*recipe

1 닭고기에 소금과 후춧가루로 밑간하고 삶거나 찐 다음 한 입 크기로 썬다.

2 단호박과 브로콜리를 닭고기와 비슷한 크기로 썬다.

3 꼬치에 단호박, 브로콜리, 닭고기 순으로 끼운다.

4 팬에 올리브유를 두르고 3을 약불에서 노릇노릇하게 굽는다.

5 소스를 만든다.
  ※단호박을 찌거나 전자레인지에서 익힌다. → 달걀을 삶는다. → 단호박과 달걀을 믹서에 넣고 간다. → 냄비에 간 단호박과 달걀, 강황가루를 넣고 졸인다.

6 그릇에 꼬치구이를 올리고 소스를 곁들여 낸다.

라이스페이퍼
라자냐

412kcal

라이스페이퍼는 글루텐 프리 식품으로 소화가 편해 밀가루반죽의 라자냐면 대신 사용하면 좋습니다. 체내 나트륨 배출에 도움을 주는 칼륨 함량이 높은 토마토는 부종 제거와 근육 생성을 목적으로 하는 다이어트 식단에 적합한 재료입니다.

라이스페이퍼 8장, 토마토소스 적당량, 저염치즈(또는 무염치즈)
조금

|소스| 소고기(다짐육) 250g, 양파 1개, 토마토 2개, 팽이버섯 100g,
고구마 1개, 토마토소스 4큰술, 나진 마늘 1작은술, 후춧가루 조금,
허브(바질, 타임 등) 조금

°recipe

1 소스를 만든다.
※양파와 토마토를 잘게 다지고 팽이버섯을 1cm 길이로
썰고 고구마를 얇게 슬라이스한다. → 팬에 올리브유를
두르고 양파, 토마토, 소고기 순으로 넣어 볶는다. →소고
기가 익으면 토마토소스를 넣고 되직해지도록 저어 수분
을 날린다(토마토소스 만드는 법은 p.235를 참조한다).
→ 팽이버섯, 허브, 후춧가루를 넣어 섞고 불을 끈다.

2 오븐 용기 바닥에 토마토소스를 펴 바른다.

3 라이스페이퍼를 따뜻한 물에 담갔다 건지고 2에 4겹으로
겹쳐 올린다.

4 3 위에 소스 분량의 반을 바르고 고구마를 올린다.

5 4 위에 다시 따뜻한 물에 담갔다 건진 라이스페이퍼 4장
을 겹쳐 올리고 나머지 소스를 바른 다음 저염치즈를 갈아
서 뿌린다.

6 오븐 용기를 종이 포일로 덮고 190도로 예열한 오븐에서
50분간 익힌다.

밀푀유
나베

356kcal

모든 국물 요리가 저염식에서 제한되는 것은 아닙니다. 짜고 자극적인 맛을 최대한 피하면 맛있는 국물 음식을 즐길 수 있답니다. 단맛이 우러나는 노란 배추와 향긋한 버섯을 듬뿍 넣어 담백하고 깔끔하게 끓인 따뜻한 전골을 만들어봅니다.

알배추 1/2포기, 깻잎 14장, 소고기(샤부샤부용) 150g, 표고버섯 3개, 각종 버섯(팽이버섯, 만가닥버섯 등) 총 200g, 숙주나물 100g, 양파 1/2개, 대파 1/4대, 고추 1개, 채수 5컵, 후춧가루 조금

|소고기양념| 참기름 1작은술, 다진 마늘 1작은술, 설낭 1작은술, 후춧가루 조금

|저염샤부샤부소스| 다시마물 4큰술, 레몬즙 2큰술, 저염간장 1큰술, 다진 청양고추 1큰술, 올리고당 1큰술, 고춧가루 1작은술, 다진 마늘 1작은술, 참깨 조금

°recipe

1 볼에 소고기양념 재료를 넣어 섞고 소고기를 넣은 다음 버무려 재운다.

2 배추속대, 깻잎, 소고기 순으로 층층이 쌓고 3등분해 썬다.

3 버섯을 가닥가닥 찢고 양파를 채썰고 고추를 어슷썬다.

4 전골 냄비의 가장자리에서부터 **2**를 겹겹이 채우고 가운데와 빈 곳에 버섯, 양파, 고추를 넣는다.

5 채수를 붓고 중불에서 끓인다.
　　※채수는 다시마, 표고버섯, 무 등을 우려 만든다.

6 작은 볼에 저염샤부샤부소스 재료를 넣어 섞는다.
　　※익은 고기와 채소를 소스에 찍어 먹는다.

---

tip

겹겹이 쌓인 재료의 색감이 눈길을 사로잡는 밀푀유나베는
손님 초대 요리로도 손색없습니다.

미트
캐서롤
316kcal

양배추의 칼로리는 100g당 20kcal로 매우 낮아 다이어트에 효과적입니다. 또한 굶는 다이어트로 인한 위장 장애와 변비 개선에 도움을 주기 때문에 다이어트 중이라면 특히 양배추를 자주 챙겨 먹는 것이 좋습니다.

양배추 1/2통, 돼지고기(다짐육) 200g, 소고기(다짐육) 100g, 토마토 1개, 달걀 1개, 양파 1개, 마늘 3톨, 토마토소스 350g
|양념| 파슬리가루 1/2작은술, 생바질잎 5장, 후춧가루 조금, 월계수잎 1장(생략 가능)

° recipe

1 양배추의 큰 잎을 골라 끓는 물에서 2분간 삶고 양파와 마늘을 다진다.

2 토마토를 다지고 달걀을 삶아 다진다.

3 팬에 올리브유를 두르고 돼지고기, 소고기, 양파, 마늘을 넣어 물기 없이 볶는다.

4 고기가 익으면 토마토소스 100g, 토마토, 달걀을 넣고 살짝 끓인다.
※토마토소스 만드는 법은 p.235를 참조한다.

5 볼에 남은 토마토소스와 양념 재료를 넣어 섞는다.

6 **1**의 양배추에 **4**를 올리고 사방을 감싸 모양을 만든다.

7 오븐 용기에 **6**을 올리고 **5**를 펴 바른 다음 200도로 예열한 오븐에서 50분간 굽는다.

생강
찜닭

351kcal

닭다리살을 이용해 간편하게 만드는 찜닭 요리입니다. 1~2인 가구에서는 닭 한 마리를 한 번에 요리하는 게 부담스러울 때가 있는데, 소포장된 닭다리살이나 날개살, 가슴살, 넓적다리살 등 부위별 닭고기를 이용하면 쉽게 요리할 수 있습니다.

°ingredient

닭고기(정육) 4덩이, 당근 1/2개, 표고버섯 2개, 대파 1/4대, 건고추(매운 것) 1개, 소금 조금, 후춧가루 조금, 참깨 조금
|양념장| 저염간장 2큰술, 꿀 1큰술, 청주 2큰술, 다진 생강 1작은술, 다진 마늘 1큰술, 참기름 1큰술, 후춧가루 조금, 물 1/2컵

°recipe

1   닭고기를 소금과 후춧가루로 밑간한다.

2   당근을 큼직하게 썰고 가장자리를 모난 곳 없이 둥글려 썬다.

3   표고버섯과 대파를 어슷썬다.

4   볼에 양념장 재료를 넣어 섞는다.
    ※저염간장 만드는 법은 p.230을 참조한다.

5   냄비 바닥에 당근, 표고버섯, 대파, 건고추를 깔고 닭고기를 올린 다음 양념장을 끼얹어 40분간 끓인다.

연어
스테이크
248kcal

고단백, 저칼로리 식품인 연어는 다이어트 식단에 아주 좋습니다. 연어의 오메가3 지방산은 신진대사를 원활히 하는 데 도움을 줍니다. 특히 포만감을 느끼게 하고 식욕을 억제하는 호르몬인 렙틴의 분비를 촉진시킵니다.

°ingredient

연어 100g, 마늘 5톨, 올리브유 1/2큰술, 레몬즙 1작은술, 저염간장 1큰술, 꿀 1작은술, 청주 1작은술, 소금 조금, 후춧가루 조금, 딜 2줄기

°recipe

1 연어의 겉면에 올리브유를 살짝 바르고 소금과 후춧가루로 밑간한 다음 5분간 재운다.

2 마늘을 다져 올리브유를 두른 팬에 딜과 함께 볶는다.

3 연어를 올려 굽다가 레몬즙, 저염간장, 꿀, 청주를 넣고 연어살이 부서지지 않게 약불에서 조린다.
   ※저염간장 만드는 법은 p.230을 참조한다.
   ※연어스테이크에 시판 홀스래디시드레싱을 곁들여도 좋다.

우엉
갈비찜

652kcal

섬유소가 풍부한 우엉은 육류 요리와 궁합이 좋습니다. 자칫 느끼할 수 있는 갈비찜에 우엉을 넣으면 기름기를 잡아줘 담백하고 깔끔한 맛을 낼 수 있습니다.

˚ingredient

소고기(갈비) 500g, 우엉 1/2대, 당근 1개, 무 1/4개, 양파 2개, 고추(청, 홍) 각 1개씩, 표고버섯 3개, 월계수잎 2장, 마늘 10톨, 대파 2대
|양념장| 물 2컵, 저염간장 4큰술, 다진 마늘 2큰술, 다진 생강 1큰술, 사과(간 것) 1/2컵, 후춧가루 조금

˚recipe

1   소고기를 찬물에 하룻밤 정도 담가 핏물을 제거하고 월계수잎, 대파 1대, 마늘을 넣어 삶는다.

2   당근을 큼직하게 썰어 모서리를 둥글게 다듬고 무와 양파를 큼직하게 썬다.

3   우엉의 껍질을 까 어슷썰고 고추, 대파, 표고버섯을 어슷썬다.

4   압력솥에 소고기, 채소, 양념장을 넣고 20분 이상 끓인다.
※저염간장 만드는 법은 p.230을 참조한다.

자두치킨
오븐구이

344kcal

새콤달콤한 자두 향이 먼저 마음을 사로잡고 담백하고 부드러운 닭다리구이에 두 번 반하게 되는 자두치킨오븐구이입니다. 자두 대신 오렌지나 사과 등 다양한 제철 과일을 이용해봅니다.

°ingredient

닭고기(다리살) 6덩이, 가지 1개, 단호박 1/4개, 자두 6개, 포도씨유 1작은술
|양념| 건고추(매운 것) 2개, 마늘 4톨, 생강 1/2쪽, 저염간장 2작은술, 꿀 2큰술, 파슬리가루 조금, 후춧가루 조금, 올리브유 4큰술

°recipe

1 볼에 양념 재료를 넣어 섞고 건고추를 잘게 잘라 넣는다.
   ※저염간장 만드는 법은 p.230을 참조한다.

2 닭고기에 칼집을 내고 포도씨유를 두른 팬에 겉면만 노릇노릇하게 굽는다.

3 가지를 4등분해 십자로 칼집을 내고 단호박을 얇게 슬라이스한다.

4 자두를 반 갈라 씨를 제거한다.

5 1의 볼에 닭고기, 가지, 단호박, 자두를 넣고 버무린다.

6 오븐 용기에 5를 올리고 200도로 예열한 오븐에서 40분간 굽는다.

탄두리
치킨
389kcal

몸에 좋은 강황가루와 새콤한 요거트의 풍미가 잘 어우러진 탄두리치킨입니다. 시판 카레 가루는 고열량, 고나트륨 제품으로 다이어트식에 적합하지 않으므로 강황과 카레의 주원료가 되는 향신료들을 그대로 이용하는 게 좋습니다.

닭고기(다리살) 200g, 강황가루 1/2작은술, 커민가루 1/2작은술,
플레인요거트(무가당) 50g, 소금 조금, 후춧가루 조금, 올리브유
1/2큰술

1   닭고기에 칼집을 내고 소금과 후춧가루로 밑간한다.

2   볼에 닭고기, 플레인요거트, 강황가루, 커민가루를 넣어 버
     무리고 30분간 재운다.

3   팬에 올리브유를 두르고 **2**를 앞뒤로 노릇노릇하게 굽는다.

tip

수제 플레인요거트나 무가당 플레인요거트를
사용하는 것이 좋습니다.

토마토
두루치기

522kcal

다이어트 식단의 기본은 '짜지 않게 먹기'입니다. 과잉 섭취된 나트륨의 농도를 묽게 하기 위해 체내 조직 세포는 수분을 쌓아두려 하는데 이는 부종 및 체중 증가의 원인이 됩니다. 나트륨 배출에 효과적인 칼륨이 풍부한 토마토를 넣어 저염식 제육볶음을 만들어봅니다.

밥 1인분, 돼지고기(앞다리살) 150g, 토마토 1개, 양파 1/2개, 대파
1/2대, 깻잎 3장(생략 가능), 올리브유 조금, 고춧가루 1/2작은술,
고추기름 1/2작은술

|돼지고기양념| 맛술 1큰술, 저염간장 1/2큰술, 다진 마늘 1/2큰술,
사과(간 것) 2큰술, 후춧가루 조금

°recipe

1 볼에 돼지고기양념 재료를 넣어 섞고 돼지고기를 넣어 버
무린 다음 30분간 재운다.

2 토마토를 8등분하고 양파를 채썰고 깻잎을 먹기 좋게 썬다.

3 팬에 올리브유를 두르고 토마토와 양파를 넣어 볶다가 한
쪽으로 밀어둔다.

4 팬의 빈 공간에 **1**의 돼지고기를 올려 익힌다.

5 고춧가루, 고추기름, 깻잎을 넣어 섞고 강불에서 볶는다.

6 대파를 얇게 채썰고 찬물에 5분간 담갔다가 물기를 제거
한다.

7 그릇에 **5**를 담고 대파를 곁들인다.

tip

고염 식품인 고추장 대신
고추기름, 고춧가루, 건고추 등을 이용해
매콤한 맛을 살리고 칼로리도 낮추는 것이 좋습니다.

토마토
비프굴라시

672kcal

헝가리식 소고기스튜인 굴라시는 시원하고 매콤한 국물 덕에 우리 입맛에도 잘 맞는 요리입니다. 굴라시를 한 그릇 먹고 나면 온몸이 따뜻해지면서 기운이 샘솟는답니다.

소고기(양지나 사태) 300g, 양파 1개, 당근 1개, 다진 마늘 1/2큰
술, 건허브 1작은술, 파슬리 1줌, 토마토소스 300g, 레드와인식초
1작은술, 파프리카가루 1/2작은술, 물 2컵, 레드와인 1컵, 소금 조
금, 후춧가루 조금

recipe

1 소고기를 깍둑썰고 소금과 후춧가루로 밑간한다.

2 양파와 당근을 깍둑썬다.

3 팬에 올리브유를 두르고 소고기의 겉면만 강불에서 익힌
다음 덜어둔다.

4 같은 팬에 양파와 당근을 볶는다.

5 **4**에 **3**의 소고기와 나머지 재료를 넣고 강불에서 7분간 끓
이다가 약불로 줄인 다음 1시간 이상 끓여 졸인다.
※토마토소스 만드는 법은 p.235를 참조한다.

팔라펠

390kcal

일반 팔라펠은 기름에 튀겨 만들지만 다이어트식 팔라펠은 콩과 채소를 듬뿍 넣고 튀기지 않는 조리법으로 칼로리를 낮췄습니다.

병아리콩 1컵, 완두콩 1/2컵, 옥수수알 1/2컵, 퀴노아 1/2컵, 마늘 1
톨, 쪽파 3대, 고수 조금, 생파슬리 조금, 커리파우더 1/2작은술, 커
민가루 1/2작은술, 파프리카가루 1/2작은술, 올리브유 2큰술

°recipe

1 하룻밤 정도 물에 충분히 불린 병아리콩을 냄비에 담고 물
을 넉넉히 부어 30분간 삶는다.
※병아리콩 삶는 법은 p.238을 참조한다.

2 완두콩, 옥수수, 퀴노아를 삶는다.

3 푸드 프로세서에 올리브유를 제외한 나머지 재료를 넣고
간다.

4 **3**을 나눠 공 모양으로 동그랗게 빚는다.

5 오븐 트레이에 종이 포일을 깔고 **4**를 올린 다음 180도로
예열한 오븐에서 40분간 굽거나 달군 팬에 올리브유를 두
르고 노릇노릇하게 익힌다.

tip

채식의 대표 메뉴라 할 수 있는 '콩고기'를
집에서 손쉽게 만들 수 있습니다.

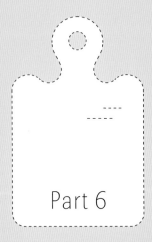

Part 6

달콤한
저칼로리

다이어트

빵 & 떡

고구마
팬케이크
324kcal

고구마와 현미가루로 만들어 부담 없이 자주 먹을 수 있는 팬케이크입니다. GI 지수가 낮고 식이 섬유가 풍부한 고구마팬케이크로 여유로운 브런치 타임을 즐겨봅니다.

고구마 1개(200g), 현미가루(제과 제빵용)(또는 통밀가루) 200g,
오트밀크(또는 두유) 200mL, 꿀 2큰술, 시나몬가루 1작은술, 코코
넛오일 조금

1   고구마의 껍질을 벗기고 찌거나 삶는다.

2   푸드 프로세서에 고구마, 현미가루, 시나몬가루, 오트밀크,
꿀을 넣고 30초~1분간 간다.

3   팬에 코코넛오일을 두르고 충분히 달군 다음 **2**를 동그랗
게 퍼 올려 얇게 부친다.

4   **3**을 앞뒤로 2~3분씩 굽는다.
※건과일이나 견과류를 곁들여도 좋다.

──────────(**tip**)──────────

고구마에는 칼륨, 각종 비타민, 미네랄, 식이 섬유가
풍부하게 들어 있습니다.

단호박
빵

80kcal

노오븐, 노밀가루로 인터넷상에서 유명세를 치른 단호박빵입니다. 밀가루와 버터를 사용하
지 않고 전자레인지로 간편하게 만들 수 있으며 특히 칼로리가 낮아 다이어트식 빵으로 좋
습니다. 단호박을 고구마로 대체해 만들 수도 있답니다.

단호박 1/4개(또는 고구마 1개), 달걀흰자 2개, 달걀노른자 1개, 마스코바도(비정제유기농사탕수수당) 1작은술(또는 꿀이나 아가베시럽 1작은술)

1 숟가락으로 단호박의 씨를 제거하고 껍질째 한입 크기로 썬다.

2 내열 용기에 단호박을 담고 뚜껑이나 랩을 씌운 다음 전자레인지에서 5분간 익힌다.

3 볼에 단호박, 달걀노른자, 마스코바도를 넣어 섞는다.
※단호박이 너무 뜨거우면 달걀이 익을 수 있으니 한 김 식히고 섞는다.

4 다른 볼에 달걀흰자를 넣고 거품에 단단한 뿔이 생길 때까지 휘핑해 머랭을 만든다.
※거품기나 핸드믹서를 사용해 휘핑한다.

5 **3**의 볼에 **4**의 머랭을 2~3회에 걸쳐 넣어가며 달걀흰자가 보이지 않을 정도로 주걱으로 살살 섞는다.

6 내열 용기에 반죽을 담고 뚜껑을 덮어 전자레인지에서 7~8분간 익힌다.

tip

단호박과 머랭을 너무 거칠게 섞으면 거품이 사라져 빵이 잘 부풀지 않을 수 있으니 주의합니다.

대파
통밀스콘

260kcal

노버터 베이킹으로도 충분히 다양하고 맛있는 빵들을 만들 수 있습니다. 밀가루 대신 각종
영양소가 풍부한 곡물가루를 첨가해 스콘을 만들어봅니다. 대파의 향이 더해져 아주 매력
적이랍니다.

통밀가루 100g, 대파 50g, 미강가루(또는 현미가루) 10g, 달걀 1
개, 코코넛오일 30g, 베이킹파우더 3.5g, 비정제설탕 20g, 두유
20g, 소금 2g

*recipe

1   대파를 잘게 썰고 달군 팬에 기름 없이 볶아 수분기를 날
    린다.

2   볼에 달걀과 코코넛오일을 넣고 푼다.

3   통밀가루, 미강가루, 베이킹파우더를 체에 친다.

4   **2**에 **3**, 설탕, 대파, 두유, 소금을 넣어 섞고 치대 반죽을 만
    든다.

5   반죽을 밀대로 밀어가며 3절 접기를 3회한다.
    ※3절 접기는 반죽을 3등분해서 이불 개듯이 아래에서 한
    번, 위에서 한 번 접는 것을 말한다.

6   반죽을 비닐에 싸고 냉장고에서 30분 이상 휴지시킨다.

7   반죽을 원하는 크기로 자르고 오븐 트레이에 올린 다음
    180도로 예열한 오븐에서 25분간 굽는다.

(tip)

수분을 날린 대파는 한 김 식히고
반죽에 넣어야 합니다.

두부
스프레드
토스트

224kcal

고소한 두부스프레드를 발라 간편하게 만드는 토스트입니다. 설탕덩어리인 잼 대신 직접 만든 건강한 두부스프레드를 사용하면 저칼로리 토스트샌드위치를 만들 수 있습니다.

°ingredient

호밀빵 2장, 꿀 1작은술, 시나몬가루 조금

|두부스프레드| 두부 1/2모, 캐슈너트 150g, 두유 50mL, 한천가루 1/2작은술, 꿀 1큰술

°recipe

1   두부스프레드를 만든다.
    ※캐슈너트를 물에 반나절 정도 불린다. → 두부를 끓는 물에 데치고 물기를 제거한다. → 냄비에 두유를 붓고 한 천가루를 넣어 5분 정도 불리고 약불에서 녹을 때까지 끓인다. → 푸드 프로세서에 모든 재료를 넣고 크리미한 상태가 될 때까지 간다.

2   호밀빵을 굽고 한쪽 면에 두부스프레드를 펴 바른다.

3   꿀과 시나몬가루를 뿌린다.

바나나
와플

412kcal

밀가루 없이 만드는 글루텐 프리의 건강한 와플입니다. 밀가루 대신 아몬드가루나 귀리가루, 병아리콩가루 등을 사용해 색다르면서도 건강한 요리를 만들 수 있습니다. 잘 익은 바나나의 향긋함이 물씬 풍기는 레시피랍니다.

°ingredient

아몬드가루 60g, 귀리가루 60g, 베이킹파우더 1/2작은술, 베이킹소다 1/4작은술, 시나몬가루 1/8 작은술, 바나나 1개, 달걀 1개, 아가베시럽 20g, 아몬드밀크(또는 우유) 100mL, 포도씨유 10g, 소금 조금

°recipe

1   아몬드가루, 귀리가루, 베이킹파우더, 베이킹소다, 시나몬가루를 체에 치고 섞는다.

2   볼에 바나나를 넣어 포크로 으깨고 달걀을 깨뜨려 넣은 다음 섞는다.

3   아가베시럽, 아몬드밀크, 포도씨유, 소금을 넣어 섞는다.

4   1을 넣어 섞고 치대 반죽을 만든다.

5   예열한 와플기에 포도씨유를 바르고 반죽을 부어 굽는다.

슈퍼시드
당근머핀

고칼로리 당근케이크를 건강한 당근머핀으로 대체하면 먹는 즐거움과 함께 저칼로리 영양 간식을 즐길 수 있습니다. 요거트를 넣어 식감이 더욱 부드럽답니다.

370kcal

°**ingredient**

|미니머핀 틀 7개 분량|
당근 120g, 슈퍼시드(헴프시드, 아마시드, 포피시드) 20g, 호두 50g, 코코넛오일(또는 식물성오일) 45g, 비정제설탕 20g, 달걀 33g, 플레인요거트(무가당) 106g, 통밀가루 144g, 시나몬가루 2g, 베이킹파우더 3.5g, 베이킹소다 1g, 소금 2g

°**recipe**

1   당근을 아주 잘게 다지고 호두를 거칠게 다진다.

2   볼에 코코넛오일, 설탕, 달걀, 플레인요거트, 소금을 넣고 핸드믹서로 섞는다.

3   통밀가루, 시나몬가루, 베이킹파우더, 베이킹소다를 체에 치고 **2**에 넣어 핸드믹서로 섞는다.

4   **3**에 당근, 호두, 슈퍼시드를 넣고 주걱으로 섞는다.

5   미니머핀 틀에 유산지를 깔고 반죽을 90% 정도 차도록 붓는다.

6   190도로 예열한 오븐에서 22~25분간 굽는다.

통밀
콘브레드

282kcal

통밀은 다른 밀가루류에 비해 단백질 함량이 높으며 식이
섬유, 비타민, 미네랄 등의 영양분이 다량 포함되어 있습니
다. 방부제, 유화제 등 합성 첨가물이 들어가지 않은 건강한
빵으로 식단을 구성하는 것이 다이어트에 도움이 됩니다.

°ingredient

통밀가루 120g, 옥수수
가루 100g, 베이킹파우
더 1작은술, 달걀 2개,
오트밀크(또는 우유)
60mL, 옥수수알 60g,
달걀물(달걀노른자+우
유) 조금, 포도씨유 15g,
비정제설탕 20g, 소금 1
꼬집

°recipe

1   볼에 달걀, 설탕, 소금, 포도씨유를 넣어 섞는다.

2   통밀가루, 옥수수가루, 베이킹파우더를 체에 친다.

3   1에 2, 옥수수알, 오트밀크를 넣어 섞는다.

4   2를 100g씩 나눠 동그란 모양으로 빚는다.

5   반죽 가운데에 일자로 칼집을 내고 윗면에 달걀물을 바른다.

6   180도로 예열한 오븐에서 30분간 굽는다.

쌀
카스텔라

255kcal

다이어트 중이더라도 믿을 수 있는 건강한 재료로 직접 디저트를 만들어 먹으면 칼로리 걱정을 하지 않아도 된답니다. 밀가루 대신 제빵용 쌀가루를 이용해 만든 부드러운 카스텔라입니다.

달걀노른자 60g, 달걀흰자 142g, 비정제설탕(달걀노른자용) 37g, 비정제설탕(달걀흰자용) 75g, 박력쌀가루(제과 제빵용)(또는 멥쌀가루) 93g, 우유(저지방) 14g, 청주 8g, 바닐라익스트랙트 2g, 포도씨유 14g, 꿀 14g, 소금 1g

°recipe

1 볼에 달걀노른자를 풀고 설탕(달걀노른자용)과 소금을 넣어 섞은 다음 중탕(40도 정도)으로 데운다.

2 **1**을 거품기로 색이 하얗게 올라올 때까지 거품을 내 섞는다.
※거품을 위에서 떨어뜨렸을 때 끊기지 않고 몇 초간 모양이 유지될 정도까지 섞는다.

3 **2**에 청주, 바닐라익스트랙트, 꿀, 우유, 포도씨유를 넣어 섞는다.

4 다른 볼에 달걀흰자를 넣고 설탕(달걀흰자용)을 2~3회 나눠 넣으며 거품기로 섞어 머랭을 친다.

5 **3**에 머랭의 1/3을 넣고 주걱으로 섞는다.

6 쌀가루를 체에 치고 **5**에 섞은 다음 나머지 머랭을 넣어 섞는다.

7 카스텔라 틀에 **6**을 부어 175도로 예열한 오븐에서 20분간 굽고 160도에서 40분간 다시 굽는다.
※카스텔라 틀이 없다면 집에 있는 다른 베이킹 틀을 활용한다.

쑥
인절미
342kcal

쑥이 50% 이상 들어가고 고소한 콩고물을 듬뿍 묻힌 쫄깃한 인절미입니다. 전자레인지로
쉽게 만드는 방법을 소개합니다.

쑥 2컵, 찹쌀가루(건식) 300g, 비정제설탕 50g, 물 300g, 소금 조금, 콩가루(고물용) 적당량

1   푸드 프로세서에 쑥과 물을 넣고 간다.

2   볼에 찹쌀가루, 설탕, 소금, **1**의 쑥물을 넣고 섞는다.

3   내열 용기에 **2**의 반죽을 담고 랩을 씌운 다음 전자레인지
     에서 3분간 돌린다.

4   내열 용기를 꺼내 반죽을 섞고 전자레인지에서 2분간 돌
     린다.

5   다시 꺼내 반죽을 섞고 전자레인지에서 1분간 더 돌린다.
     ※중간중간에 반죽을 섞지 않으면 가운데가 덜 익을 수 있
     으므로 전자레인지에 여러 번 나눠 익힌다.

6   도마에 콩가루를 평평하게 깔고 **5**를 올려 콩가루를 골고
     루 묻힌 다음 먹기 좋게 썬다.

(**tip**)

방앗간에서 빻아온 찹쌀가루는 습식입니다.
습식 찹쌀가루를 사용할 때는 물 양을 조절해야 합니다.

애플시나몬
팬케이크
255kcal

시판 팬케이크믹스 제품은 고열량, 고나트륨이 함유되어 다이어트에 전혀 도움이 되지 않습니다. 직접 고른 재료로 가볍고 건강하게 팬케이크를 만들어봅니다.

통밀가루 1/2컵, 베이킹파우더 1/2작은술, 시나몬가루 1/2작은술,
비정제설탕 1작은술, 아몬드밀크(또는 우유) 1/2컵, 달걀 1개(생략
가능), 바닐라익스트랙트 1/2작은술(생략 가능), 올리브유 조금
|토핑| 사과 1개, 메이플시럽 1/3컵, 꿀 1작은술, 바닐라익스트랙
트 1/2작은술, 무염버터(또는 포도씨유) 1작은술

•recipe

1 볼에 통밀가루, 베이킹파우더, 설탕, 시나몬가루를 넣어 섞
는다.

2 **1**에 아몬드밀크와 달걀을 넣고 거품기로 섞는다.

3 충분히 달군 팬에 올리브유를 살짝 두르고 반죽을 한 국자
씩 떠 올려 약불에서 굽다가 1~2분 후 표면에 기포가 올라
오면 뒤집는다.
※무염버터를 발라 팬케이크를 구워도 좋다.

4 팬케이크 앞뒷면이 갈색 빛이 돌 정도로 굽는다.
※앞뒤로 2분 정도씩 굽는다.

5 토핑을 만든다.
※사과의 껍질을 벗기거나 껍질째 작게 다진다. → 소스 팬
에 사과와 나머지 토핑 재료를 넣고 중불에서 4분간 졸인
다. → 약불로 줄이고 원하는 점도가 될 때까지 더 졸인다.

(tip)

팬케이크를 구울 때 충분히 달궈진 팬에 반죽을 올리고
약불에서 익히는 것이 중요합니다.

양파
쌀베이글
270kcal

캐러멜라이징한 양파와 슈퍼시드를 넣어 고소함을 살린 쌀베이글입니다. 베이킹용 쌀가루 대신 밀가루나 통밀가루를 사용해도 좋습니다. 쌀빵만의 쫀득한 식감이 아주 매력적이고 빵을 먹고 나서 속이 더부룩하지 않답니다.

양파 1개, 박력쌀가루(제과 제빵용) 250g, 슈퍼시드(참깨, 검은깨, 아마시드, 포피시드, 헴프시드 등) 20g, 물 140mL, 드라이이스트 5g, 소금 2g, 비정제설탕 18g, 포도씨유(또는 무염버터) 10g

recipe

1   양파를 채썰고 작은 냄비(또는 팬)에 넣어 강불에서 볶아 수분기를 날린 다음 약불에서 캐러멜라이징한다.
    ※양파가 갈색 빛이 돌 정도로 15분 이상 볶는다.

2   쌀가루를 2번 체에 치고 볼에 쌀가루, 드라이이스트, 설탕, 소금을 넣어 섞는다.

3   2에 물을 넣어 섞다가 어느 정도 어우러지면 포도씨유, 1의 양파, 슈퍼시드를 넣고 20~30분간 손으로 치대거나 반죽기에서 돌린다.
    ※양파의 수분 때문에 반죽이 질어질 수 있으니 물을 조금씩 넣어가며 양을 조절한다.

4   볼에 랩을 씌우고 50분간 발효시킨다.

5   반죽을 5등분해 동그랗게 만들고 면보를 덮어 15분간 중간 발효를 시킨다.

6   반죽을 길게 늘이고 양 끝을 모아 도넛 모양을 만든다.
    ※밀가루를 사용했을 경우 오븐 트레이에 반죽을 올려 면보를 덮고 30분간 2차 발효를 시킨다.

7   끓는 물에 6을 넣고 앞뒤로 20초씩 데친다.

8   7을 오븐 트레이에 올리고 185도로 예열한 오븐에서 18~20분간 굽는다.

영양
찰떡

234kcal

호박고지, 검은콩, 밤, 대추 등 여러 가지 고물을 듬뿍 넣어 만든 영양찰떡은 든든한 한 끼로 손색이 없습니다. 또한 다이어트 식단을 유지하기 힘든 외출 시 식사로도 훌륭히 제 몫을 다하곤 합니다. 쌀가루의 비중을 줄이고 고물의 비중을 늘려 영양은 높이고 칼로리는 낮췄습니다.

찹쌀가루 5컵, 비정제설탕 3큰술, 꿀 1큰술, 밤 5개, 건대추 10개,
호박고지 1/2컵, 검은콩 1/2컵, 팥 1/2컵

1   검은콩을 물에 담가 불리고 삶는다.
    ※검은콩 삶은 물을 버리지 않고 둔다.

2   건대추의 씨를 발라 4등분해 썰고 밤의 껍질을 벗겨 4등분
    해 썬다.

3   볼에 찹쌀가루, 검은콩 삶은 물 3큰술, 설탕을 넣어 섞는다.

4   찜기에 젖은 면포를 깔고 건대추, 밤, 호박고지, 검은콩, 팥
    분량의 절반을 올린다.

5   3을 한 움큼씩 집어 올리고 나머지 건대추, 밤, 호박고지,
    검은콩, 팥을 올린다.

6   5를 김이 오른 상태에서 30분간 찐다.

7   떡 윗면에 꿀을 살짝 바르고 모양을 잡은 다음 랩으로 감
    싸 냉동실에서 30분간 굳힌다.
    ※먹기 좋게 썰어 낸다.

(tip)

젖은 면보 위에 설탕을 살살 뿌리면
떡이 달라붙지 않습니다.

통밀
감자와플

252kcal

감자와 통밀 그리고 슈퍼시드로 만든 건강한 와플로 영양가 높은 아침 식사를 챙겨봅니다.
반죽과 토핑의 재료를 다양하게 바꿔가며 나만의 와플을 찾는 재미도 있답니다.

*ingredient

감자 1개, 통밀가루 1컵, 달걀 2개, 양파 1/2개, 아마시드 1작은술,
헴프시드 1작은술, 올리브유 1큰술, 소금 조금

*recipe

1 감자와 양파를 강판이나 믹서에 곱게 간다.

2 볼에 모든 재료를 넣어 섞는다.

3 예열한 와플기에 올리브유를 살짝 바르고 **2**를 부어 굽는다.

tip

밀가루 대신 찹쌀가루나 쌀가루를 넣어
만들 수도 있습니다.

Part 7

에너지
부스터

다이어트

간식

검은깨
두부크래커

1l5kcal

깨의 식물성 불포화 지방산은 피부 노화 방지에 좋으며 토코페롤 성분은 항산화 작용에 효과가 있습니다.

두부 1/2모, 참깨 20g, 검은깨 20g, 통밀가루 100g, 콩가루 50g, 아가베시럽 1큰술

*recipe

1   참깨와 검은깨를 볶는다.

2   두부를 면보에 싸서 물기를 꼭 짠다.

3   볼에 모든 재료를 넣어 섞는다.

4   도마에 반죽을 올리고 종이 포일로 덮은 다음 밀대로 밀어 얇게 편다.

5   원하는 크기와 모양으로 반죽을 자른다.

6   오븐 트레이에 **5**를 올리고 180도로 예열한 오븐에서 20분간 구운 다음 식힌다.

⬡ **tip** ⬡

100% 통밀가루는 GI 지수가 백밀가루보다 낮아
다이어트 식품으로 좋습니다.

고구마 브라우니

129kcal

노버터, 노밀가루 레시피로 알레르기나 소화 불량 걱정 없이 건강하게 즐길 수 있습니다. 만들기 쉽고 언제, 어디서든 간편하게 먹을 수 있어 좋습니다. 밀가루를 먹는 것이 걱정되는 사람도, 높은 버터 함량이 걱정되는 사람도 부담 없이 즐길 수 있답니다.

°ingredient

고구마 600g, 대추야자 15개(또는 곶감 3개), 아몬드가루 100g, 메밀가루(곱게 간 현미가루) 100g, 카카오가루 6큰술, 아가베시럽(또는 꿀이나 메이플시럽) 3큰술

°recipe

1. 고구마의 껍질을 벗기고 찌거나 오븐에 굽는다.
2. 대추야자의 씨를 제거하고 푸드 프로세서에 고구마와 대추야자를 넣어 간다.
3. 볼에 **2**와 나머지 재료를 넣어 섞는다.
4. 오븐 트레이에 유산지를 깔고 **3**을 3~4cm 두께로 올린 다음 180도로 예열한 오븐에서 20~30분간 굽는다.
5. 젓가락을 찔러 묻어 나오는 것이 없으면 오븐에서 꺼내고 그물망에 올려 식힌다.

땅콩버터
오트밀
에너지바

188kcal

고소한 땅콩버터와 건강한 슈퍼푸드인 오트밀이 만나 든든한 에너지바가 만들어졌습니다. 간편한 식사 대용이나 영양 간식으로 좋습니다.

ingredient

오트밀 2컵, 치아시드 2작은술, 아마시드 2작은술, 바닐라익스트랙트 1/2작은술(생략 가능), 땅콩버터 1/2컵, 코코넛오일 3작은술, 메이플시럽 1작은술, 곶감 (또는 대추야자) 1/2컵

recipe

1. 볼에 오트밀, 치아시드, 아마시드, 바닐라익스트랙트를 넣어 섞는다.

2. 작은 냄비에 땅콩버터, 코코넛오일, 메이플시럽을 넣고 약불에서 부드럽게 흐를 정도로 녹을 때까지 끓인다.
   ※땅콩버터 만드는 법은 p.235를 참조한다.

3. 1에 2를 부어 슈퍼시드의 겉면이 시럽으로 잘 코팅되도록 섞는다.

4. 곶감의 씨를 제거하고 푸드 프로세서에 넣어 곱게 간 다음 3을 넣어 한 번 더 간다.

5. 4를 원하는 모양을 잡아 냉장고에서 1시간 동안 굳힌다.

슈퍼시드
고구마볼
193kcal

헴프시드, 아마시드 등의 슈퍼시드를 넣어 만든 고구마볼을 한입씩 먹기 좋은 크기로 만들어 간편하게 즐겨봅니다. GI 지수가 낮아 다이어트 식품으로 꼽히는 고구마와 다양한 영양소가 풍부한 슈퍼시드를 같이 섭취할 수 있어 좋습니다.

고구마 2개, 슈퍼시드 1큰술, 아몬드가루 1큰술, 아몬드밀크 3큰술,
메이플시럽 1작은술, 시나몬가루 조금

*recipe

1 고구마를 찌거나 삶는다.

2 볼에 고구마를 넣고 포크로 곱게 으깬다.

3 2에 나머지 재료를 넣어 섞는다.

4 한입 크기로 떼 공 모양으로 빚는다.

◇ tip ◇

고구마를 깍둑썰기해서 익히면
조리 시간을 단축할 수 있습니다.

슈퍼시드
초코바
219kcal

슈퍼시드를 넣어 만든 초코바를 초콜릿 대신 코코아가루로 맛을 내면 보다 건강한 간식으로 먹을 수 있습니다.

곶감 100g, 슈퍼시드 30g, 아몬드가루 150g, 건과일 30g, 견과류 30g, 코코넛오일 3큰술, 카카오가루 5큰술

1   곶감의 씨를 제거하고 냄비에 물과 함께 넣어 5분간 끓인다.

2   곶감을 건지고 물기를 제거한 다음 5분간 식힌다.

3   푸드 프로세서에 곶감, 슈퍼시드, 아몬드가루, 코코넛오일, 카카오가루를 넣고 간다.

4   건과일과 견과류를 잘게 다지고 **3**에 섞는다.

5   지퍼백에 **4**를 넣어 모양을 잡고 냉동실에서 1시간 동안 굳힌다.

6   어느 정도 굳으면 꺼내서 먹기 좋게 자른다.

<tip>

초코바 겉면에 코코아가루나 코코넛가루를 뿌려
예쁘게 장식합니다.

아몬드
튀일

266kcal

달걀흰자와 아몬드가 주재료인 튀일은 고급스런 맛이 일품인 디저트입니다. 다이어트 중에 달달한 쿠키가 생각날 때 아몬드튀일이라면 죄책감 없이 먹을 수 있을 것입니다.

달걀흰자 2개, 비정제설탕 40g, 밀가루(박력분) 16g, 아몬드슬라이스 80g, 무염버터(녹인 것) 20g

°recipe

1   팬에 아몬드슬라이스를 올리고 약불에서 볶은 다음 식힌다.

2   볼에 달걀흰자와 설탕을 넣고 거품기로 살짝 거품이 날 정도로 섞는다.

3   밀가루를 체에 치고 **2**에 넣어 섞는다.

4   무염버터와 아몬드를 넣어 섞고 냉장고에서 30분 이상 휴지시킨다.

5   오븐 트레이에 **4**를 한 숟가락씩 떠 올리고 얇게 편 다음 170도로 예열한 오븐에서 13~15분간 굽거나 팬에서 굽는다.

tip

바삭한 식감을 살리려면
휴지 시간을 2~3시간으로 늘립니다.

아몬드
퍼지초콜릿
237kcal

생초콜릿보다 더 맛있는 퍼지초콜릿을 직접 만들어봅니다. 파베초콜릿과 식감이 비슷해서 밸런타인데이 선물로도 손색없답니다. 유제품이 들어가지 않아 다이어트 걱정 없이 먹을 수 있으며 브라우니보다 더 쫀득한 식감이 일품입니다.

대추야자(또는 곶감) 150g, 아몬드가루 200g, 건크랜베리(또는 건포도) 30g, 견과류 30g, 코코넛오일 3큰술, 카카오가루 5큰술

1 대추야자의 씨를 제거하고 냄비에 소량의 물과 함께 5분간 끓인다.

2 대추야자를 건져내 물기를 제거하고 5분간 식힌다.

3 푸드 프로세서에 모든 재료를 넣고 간다.

4 **3**을 한 국자씩 떠서 모양을 잡고 냉동실에서 1시간 동안 굳힌다.

5 어느 정도 굳으면 꺼내 겉면에 코코아가루를 묻힌다.
   ※밀폐 용기에 넣거나 소분해 냉동 보관한다.

tip

대추야자가 없으면 곶감을 사용해도 됩니다.
단, 곶감은 단맛이 조금 덜하니
꿀이나 아가베시럽을 넣어 단맛을 보충합니다.

오리지널
브라우니

142kcal

3가지 재료로 만드는 초간단 조리법으로 언제든지 부담 없이 즐길 수 있는 브라우니를 만들어봅니다. 만들기 쉽고 맛 또한 좋아서 손에서 놓을 수 없답니다.

피칸(또는 아몬드) 140g, 대추야자 400g, 호두 4개, 카카오가루 3
큰술, 메이플시럽(또는 꿀이나 아가베시럽) 1큰술

1   푸드 프로세서에 피칸을 넣고 작은 알갱이가 될 때까지 간다.

2   대추야자의 씨를 제거하고 **1**에 대추야자, 카카오가루, 메이
      플시럽을 넣어 한 번 더 간다.

3   오븐 트레이에 **2**를 모양을 잡아 올리고 위에 호두를 올린
      다음 180도로 예열한 오븐에서 25분간 굽는다.

4   오븐에서 **3**을 꺼내 완전히 식히고 적당한 크기로 자른다.

오트밀
너트쿠키
139kcal

노버터, 노달걀의 비건 베이킹 레시피로 든든한 간식 및 식사 대용으로 훌륭한 오트밀쿠키를 만들어봅니다. 식이 섬유와 단백질이 풍부한 오트밀을 주재료로 건강한 쿠키를 즐길 수 있습니다.

오트밀 75g, 시나몬가루 조금, 통밀가루 50g, 베이킹소다 1/4작은 술, 견과류 및 건과일(아몬드, 호박씨, 피칸, 건크랜베리 등) 50g, 포도씨유 50g, 두유 30g, 비정제설탕 40g, 메이플시럽 1큰술, 바닐라 익스트랙트 2방울, 럼주 적당량

1   견과류를 굽고 건과일을 럼주에 담가 불린다.

2   시나몬가루, 통밀가루, 베이킹소다를 체에 친다.

3   볼에 모든 재료를 넣고 주걱으로 섞는다.

4   오븐 트레이에 한 국자씩 떠 올리고 동그란 모양을 만든 다음 180도로 예열한 오븐에서 12분간 굽는다.

tip

견과류에 반죽이 골고루 묻게 해야
구울 때 타지 않습니다.

초코오트밀
그래놀라

125kcal

건강한 곡물과 견과류가 듬뿍 들어간 그래놀라를 요거트나 샐러드에 곁들여 먹으면 간단
하면서도 근사한 한 끼 식사로 그만입니다. 코코아의 풍미와 시나몬 향이 아주 매력적이랍
니다.

ingredient

호두 1/2컵, 아몬드 1/2컵, 오트밀 2컵, 호박씨 1컵, 해바라기씨 1컵,
아마시드 1/2컵, 코코넛오일 3큰술, 메이플시럽 3큰술, 시나몬가루
3작은술, 건크랜베리 1컵, 코코아가루(무가당) 2큰술

recipe

1   푸드 프로세서에 호두와 아몬드를 넣고 작은 조각이 될 정도
로 간다.

2   볼에 호두, 아몬드, 호박씨, 해바라기씨, 아마시드, 오트밀, 건
크랜베리를 넣어 섞는다.

3   작은 냄비에 코코넛오일, 메이플시럽, 시나몬가루를 넣고 흐
를 정도로 살짝 끓인다.

4   **3**을 **2**에 부어 섞는다.

5   오븐 트레이에 유산지를 깔고 **4**를 펴 올린 다음 180도로 예
열한 오븐에서 30~40분간 굽는다.

6   오븐에서 **5**를 꺼내 식히고 원하는 크기로 자른다.

◇ **tip** ◇

무가당 코코아가루를 사용하면
초콜릿을 대용할 만한 저갈로리 간식을
만들 수 있습니다.

크런치시나몬
그래놀라
170kcal

노오일, 노슈거의 바삭바삭한 홈 메이드 그래놀라는 간단한 식사 대용으로도 든든한 영양 간식으로도 좋습니다.

오트밀 200g, 아몬드가루 50g, 시나몬가루 1작은술, 땅콩버터
70g, 메이플시럽(또는 아가베시럽) 100g, 소금 1꼬집

1   푸드 프로세서에 오트밀 100g을 넣고 곱게 간다.

2   볼에 남은 오트밀 100g, 아몬드가루, 시나몬가루, 소금을 넣
어 섞는다.

3   다른 볼에 땅콩버터와 메이플시럽을 넣어 섞는다.
※땅콩버터 만드는 법은 p.235를 참조한다.

4   **3**에 **1**과 **2**를 조금씩 넣어가며 포크로 섞다가 고슬고슬해지
면 오븐 트레이에 펴 올린다.

5   160도로 예열한 오븐에서 20분 정도 굽고 뒤적거린 다음 5
분간 더 굽는다.

(**tip**)

그래놀라를 오븐에서 꺼내
완전히 식히면 바삭바삭해집니다.

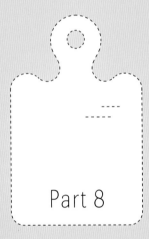

Part 8

매일
산뜻하게

다이어트

주스 &
스무디

'다이어트 주스 & 스무디'의 효능

- 식이 섬유는 체내 독소를 배출합니다.
- 칼륨은 부종을 뺍니다.
- 비타민, 무기질, 미네랄은 피부를 건강하게 합니다.
- 파이토케미컬은 노화를 방지합니다.
- 신선한 효소는 날씬한 몸을 유지시킵니다.

'다이어트 주스 & 스무디'의 재료

잎채소   녹황색 채소에는 베타카로틴, 철분, 칼슘 등이 풍부합니다. 시금치, 케일, 양배추, 청경채, 치커리, 신선초 등 다양한 잎채소를 활용해봅니다.

향신료   몸을 따뜻하게 해 신진대사를 높여주고 여러 가지 풍미를 더할 수 있는 향신료를 추가하는 것도 좋습니다. 파프리카가루, 커민, 너트메그, 시나몬가루 등을 넣을 수 있습니다.

건과일   건과일은 보관이 용이하며 특히 주변에서 구하기 번거로운 열대과일을 언제든 쉽고 간편하게 섭취할 수 있게 해줍니다. 건과일에는 효소가 많으며 영양분도 농축되어 있습니다. 곶감, 건블루베리, 건크랜베리, 건망고, 건무화과 등이 있습니다.

뿌리채소	땅과 흙의 기운을 듬뿍 받고 자란 뿌리채소류에는 비타민, 섬유질, 미네랄 등이 풍부합니다. 면역력 및 체력 증진에 효과가 있는 영양덩어리 뿌리채소를 주스로 만들어 자주 섭취합니다. 뿌리채소에는 우엉, 비트, 생강, 연근, 당근 등이 있습니다.
과일	제철 과일은 그 어떤 영양제보다 뛰어난 영양 공급원이 될 수 있습니다. 또한 채소로만 만든 주스보다 풍미가 좋고 맛있게 먹을 수 있답니다. 좋아하는 과일을 다양하게 조합해 나만의 주스 레시피를 만들어봅니다.
콩	두유, 콩, 두부를 더해 주스를 만들면 단백질 섭취를 늘릴 수 있습니다. 부드러운 식감을 더해줘 편하게 먹을 수 있습니다.
견과류	식물성 불포화 지방산이 풍부해 피부 개선과 활력 증진에 도움을 주는 재료입니다. 견과류는 미리 볶아 사용하면 더욱 고소한 맛을 즐길 수 있으며, 무염 처리된 것을 사용하는 게 좋습니다. 호두, 아몬드, 캐슈너트, 잣, 땅콩 등이 있습니다.
슈퍼시드	씨앗 다이어트가 유행하며 슈퍼시드의 여러 가지 뛰어난 효능이 주목받고 있습니다. 각종 미네랄, 오메가3, 단백질 등이 풍부해 체지방 분해, 면역력 향상, 고지혈증 예방, 근육량 증가, 변비 예방에 탁월하답니다. 따로 챙겨 먹기 번거로우면 주스에 넣어 같이 섭취해봅니다.
너트밀크	우유 대신 견과류 및 곡류에서 얻어진 식물성 너트밀크로 대체해봅니다. 오트밀크, 아몬드밀크, 캐슈너트밀크 등 다양한 락토프리 너트밀크로 스무디를 조합할 수 있습니다.

'다이어트 주스 & 스무디' 한 줄 레시피

재료를 적당하게 자르고 믹서에 한꺼번에 넣은 다음 잘 갈아줍니다.

검은콩
스무디

192kcal

ingredient

검은콩(삶은 것) 80g, 검은깨 1/2작은술, 바나
나 1/2개, 캐슈너트 4개, 두유 150mL

고구마
캐슈너트
스무디

159kcal

ingredient

고구마(삶은 것) 70g, 캐슈너트 4개, 헴프시드 1
작은술, 오트밀크 150mL

낫토
스무디
143kcal

°ingredient

낫토 50g, 마 10cm, 바나나 1개, 두유 150mL

당근
귤주스
77kcal

°ingredient

당근 1/2개, 귤 2개, 양파 10g, 생강 1쪽, 물 150mL

당근
홍시주스
98kcal

°**ingredient**

당근 1/2개, 홍시 1개, 오트밀크 150mL

밤
두유라테
97kcal

°**ingredient**

밤(삶은 것) 50g, 아몬드 3개, 메이플시럽 1작은
술, 두유 150mL

브로콜리
키위주스

57kcal

°ingredient

브로콜리 1/4개, 케일 2장, 키위 1개, 라임 1/8개,
물 150mL

블루베리
석류주스

131kcal

°ingredient

석류 1개, 블루베리 1컵, 배 1/2개, 물 150mL

파인애플
셀러리주스

72kcal

ingredient

셀러리 1/2대, 파인애플슬라이스 2장, 레몬 1/8
개, 생강가루 조금, 물 100mL

아로니아
두부셰이크

153kcal

ingredient

두부 1/4모, 바나나 1/2개, 아몬드 10개, 잣 1/2
큰술, 아로니아 2작은술, 우유 150mL

양배추
사과주스
70kcal

°ingredient

양배추 3장, 사과 1/2개, 물 150mL

연근
사과주스
94kcal

°ingredient

연근(삶은 것) 50g, 사과 1개, 레몬 1/8개, 물 100mL

우엉
오렌지주스
102kcal

°ingredient

우엉(삶은 것) 50g, 오렌지 1개, 물(우엉 삶은
것) 150mL

치아시드
밀싹스무디
162kcal

°ingredient

치아시드 1작은술, 밀싹가루 1큰술, 오렌지 1개,
사과 1/2개, 플레인요거트(무가당) 100mL

케일
키위주스
92kcal

[●]ingredient

케일 4장, 키위 2개, 레몬 1/8개, 물 150mL

콜리플라워
바나나주스
125kcal

[●]ingredient

콜리플라워 1/2개, 바나나 1개, 호두 3개, 아몬
드밀크 150mL

파프리카
토마토주스
47kcal

° **ingredient**

토마토 2개, 파프리카(빨강, 노랑) 각 1/4개, 물
50mL

한방
생강주스
96kcal

° **ingredient**

생강 1쪽, 건대추 3개, 배 1/2개, 물 50mL

헴프시드
초코스무디
175kcal

° ingredient

헴프시드 1작은술, 바나나 1개, 대추야자 1개,
카카오닙스 1/4작은술, 카카오가루 1/2작은술,
아몬드밀크 150mL

아마시드
단호박주스
127kcal

° ingredient

단호박(삶은 것) 1/8개, 아마시드 1작은술, 브라
질너트 1개, 물 150mL

Special
Part

다이어트가

쉬워지는

시크릿
레시피

다이어트 드레싱 & 소스
만들기

그릭드레싱

준비하기   올리브유 2큰술, 레드와인식초 2작은술, 레몬즙 1/2작은술, 마늘
가루 1꼬집, 다진 생바질잎 조금, 다진 오레가노 조금

만들기   볼에 재료를 넣어 섞는다.

블루베리발사믹드레싱

준비하기   올리브유 2큰술, 발사믹식초 2작은술, 생블루베리 10개, 레몬즙
1/2작은술, 디종머스터드 1/2작은술, 마늘가루 1꼬집

만들기   볼에 재료를 넣어 섞는다.

이탤리언드레싱

준비하기   올리브유 2큰술, 식초 2작은술, 다진 이탤리언파슬리 1큰술, 다진

만들기	생바질잎 조금, 마늘가루 1꼬집, 후춧가루 조금 볼에 재료를 넣어 섞는다.

랜치드레싱

준비하기	그릭요거트(또는 사워크림) 1큰술, 화이트와인식초 1작은술, 마요네즈 3큰술, 다진 마늘 1/4작은술, 다진 양파 1/4작은술, 후춧가루 조금
만들기	볼에 재료를 넣어 섞는다.

※마요네즈 만드는 법은 p.222를 참조한다.

시저드레싱

준비하기	올리브유 3큰술, 발사믹식초 2작은술, 와인식초 1작은술, 파르메산치즈 2큰술, 레몬즙 1/2작은술, 마늘가루 1꼬집, 후춧가루 조금
만들기	볼에 재료를 넣어 섞는다.

허니머스터드드레싱

준비하기	올리브유 2큰술, 발사믹식초 2작은술, 꿀 2작은술, 겨잣가루 1/2 작은술, 마요네즈 1큰술, 후춧가루 조금
만들기	볼에 재료를 넣어 섞는다.

※마요네즈 만드는 법은 p.222를 참조한다.

오리엔탈드레싱

준비하기	식물성 오일(포도씨유, 해바라기유 등) 2큰술, 식초 2작은술, 저염간장 1/2작은술, 참기름 1작은술, 꿀 1/2작은술, 다진 생강 1/4 작은술, 마늘가루 1/4작은술
만들기	볼에 재료를 넣어 섞는다.

※저염간장 만드는 법은 p.230을 참조한다.

사우전드아일랜드드레싱

준비하기	두부마요네즈 100g, 당근 30g, 셀러리 30g, 양파 20g, 올리브유 1큰술, 꿀 1큰술, 레몬즙 1큰술
만들기	슬라이스한 양파를 물에 담가 아린 맛을 제거한다. → 당근, 셀러리, 양파를 믹서에 넣고 잘게 다진 정도가 될 때까지 간다. → 두부마요네즈와 남은 재료를 넣어 한 번 더 간다. ※두부마요네즈 만드는 법은 p.223을 참조한다.
알아두기	고소한 맛, 신맛, 단맛이 어우러지고 씹히는 맛이 있어 샐러드나 샌드위치에 잘 어울린다.

키위소스

준비하기	키위 40g(1/2개), 엑스트라버진올리브유 1큰술, 꿀 1작은술, 식초 1작은술, 레몬즙 1작은술
만들기	푸드 프로세서에 재료를 넣고 간다. ※너무 곱게 갈면 키위 씨가 부서지니 주의한다.

두부검은깨소스

준비하기 두부 25g, 플레인요거트 40g, 검은깨 1작은술, 설탕 1작은술, 식초 1/2작은술, 레몬즙 1/2작은술

만들기 두부를 으깨 면포에 싸고 꼭 짜 물기를 제거한다. → 검은깨를 손으로 부순다. → 볼에 두부, 검은깨, 나머지 재료를 넣어 섞는다.

마요네즈

준비하기 달걀노른자 2개, 머스터드 1작은술, 화이트와인식초(또는 식초) 2큰술, 레몬즙 1/2작은술, 엑스트라버진올리브유 125g, 식물성 오일(포도씨유, 해바라기유 등) 125g

만들기 푸드 프로세서에 달걀노른자, 머스터드, 화이트와인식초, 레몬즙을 넣고 간다. → 오일을 조금씩 나눠 넣으며 더 간다.

알아두기 시판 마요네즈의 열량은 100g당 390kcal, 나트륨 함량은 940mg으로 매우 높다. 일반 마요네즈보다 훨씬 칼로리는 낮고 건강한 수제 마요네즈를 만들어보자. 올리브유를 더 넣어 되직하게 만들 수도 있지만 오일의 칼로리를 생각하여 최소한의 양만 사용했다(취향에 따라 조절). 단, 엑스트라버진올리브유는 하루에 한 스푼씩 챙겨 먹는 것이 건강의 비결이라 주장할 만큼 몸

에 좋은 식품이므로 어느 정도의 양은 허용해도 무방하다.

두부마요네즈

준비하기   두부(단단한 것) 50g, 저지방두유(또는 저지방우유) 30g, 레몬즙
                          1작은술, 엑스트라버진올리브유 1작은술, 올리고당 1큰술

만들기   두부를 으깨 면보에 싸고 꼭 짜 물기를 제거한다. → 볼에 두부
                          와 나머지 재료를 넣어 섞는다.

알아두기   두부마요네즈를 만든 직후에는 약간 묽지만 시간이 지나면 좀
                          더 응고된다. 달걀이 들어가지 않지만 고소하고 깔끔한 마요네
                          즈 맛을 즐길 수 있다. 샌드위치의 스프레드, 야채스틱의 디핑소
                          스, 일반 마요네즈 대용으로 활용해보자.

마늘마요네즈

준비하기   달걀노른자 2개, 머스터드 1작은술, 마늘 4톨, 화이트와인식초
                          (또는 식초) 2큰술, 레몬즙 1/2작은술, 엑스트라버진올리브유
                          125g, 식물성 오일(포도씨유, 해바라기유 등) 125g

만들기   마늘을 굽거나 전자레인지에 3분간 돌려 익힌다. → 푸드 프로세

서에 달걀노른자, 머스터드, 화이트와인식초, 레몬즙, 마늘을 넣고 간다. → 마늘이 곱게 갈리면 오일을 조금씩 나눠 넣으며 더 간다.

타르타르소스

준비하기

두부(단단한 것) 50g, 두유 30g, 레몬 2큰술, 엑스트라버진올리브유 조금, 꿀 1큰술, 피클, 케이퍼, 양파, 파슬리, 셀러리, 씨겨자(또는 디종머스터드), 올리브 각각 적당량

만들기

슬라이스한 양파를 물에 5분 정도 담가 아린 맛을 제거한다. → 피클, 케이퍼, 양파, 파슬리, 셀러리, 올리브를 잘게 다지고 물기를 제거한다. → 두부를 면보에 싸고 꼭 짜 물기를 제거한다. → 올리브유를 제외한 모든 재료를 믹서에 넣고 간다. → 올리브유를 조금씩 넣어가며 농도를 맞추고 한 번 더 간다.

※바로 만들어 먹을 때는 삶은 달걀 1개를 추가하면 맛있다. 단, 보관용이라면 되도록 달걀을 넣지 않는다.

알아두기

해산물 튀김과 잘 어울리는데 새우튀김이나 생선튀김에 빠지지 않고 곁들여지는 소스이기도 하다.

저염데리야키소스

준비하기   저염간장 200mL, 다시마물 600mL, 꿀 5큰술, 청주(또는 맛술) 2
큰술, 생강 3쪽, 마늘 4톨, 양파 1개, 대파 1대, 레몬 1/2개, 청양고
추 1개, 당근1/3개, 배(또는 사과) 1/2개, 바나나 1/2개

※채소나 과일은 조절 가능하므로 배 대신 사과, 레몬 대신 귤이나 오
렌지 등 냉장고 사정에 맞춰 넣는다.

만들기   냄비에 모든 재료를 넣고 뚜껑을 연 상태로 강불에서 끓인다. →
한소끔 끓으면 중불로 줄여 30분 정도 더 끓인다. → 체에 밭쳐
내용물을 거른다. → 거른 국물을 따로 담아 뚜껑을 열고 한 번
더 끓여 국물이 2/3 정도 될 때까지 졸인다. → 끓는 물에 소독한
유리병에 담아 냉장 보관한다.

※저염간장 만드는 법은 p.230을 참조한다.

차지키소스

준비하기   그릭요거트 450mL, 오이 1개, 식초 1/2큰술, 레몬즙 2큰술(레몬
1개), 다진 마늘 1작은술, 딜 1~2가지(생략 가능), 올리브유 조금,
후춧가루 조금

만들기   오이를 채칼로 가늘게 채썰고 면보에 싸 물기를 꼭 짠다. → 레몬

알아두기	즙을 내고 딜을 잘게 다진다. → 볼에 모든 재료를 넣어 섞는다. 그리스나 중동에서 일반적으로 사용하는 소스다. 피타빵이나 팔라펠, 스테이크에 곁들여 먹거나 샐러드드레싱으로도 좋다.

저염타코시즈닝

준비하기	마늘가루 1작은술, 양파가루 1/2작은술, 후춧가루 1/4작은술, 칠리파우더(또는 고운 고춧가루) 1작은술, 파프리카가루 1작은술, 레드페퍼플레이크 1/4작은술, 오레가노 1/2작은술, 커민 1작은술
만들기	볼에 재료를 넣어 섞는다.
알아두기	오븐채소구이나 고기를 구울 때 첨가하면 좋다. 향신료가 소금의 빈자리를 메워 요리에 사용되는 소금의 양을 줄일 수 있고 고기의 잡내 제거 효과가 탁월하다.

타히니소스

준비하기	볶음참깨 2컵, 엑스트라버진올리브유 2/3컵, 소금 1꼬집
만들기	푸드 프로세서에 볶음참깨를 넣고 곱게 간다. → 올리브유 1/3컵과 소금을 넣고 갈다가 어느 정도 섞이면 남은 올리브유를 나눠

넣으며 간다.

※소스가 너무 되직하면 따뜻한 물 2작은술 정도를 넣어 조절한다. 올리브유 분량의 반을 다른 식물성 오일로 대체해도 좋다.

알아두기   북아프리카, 터키, 그리스, 중동에서 먹는 참깨소스다. 후무스를 만드는 데 필요한 기본 재료이며 자체만으로도 훌륭한 드레싱이 된다. 아주 고소해서 한국인의 입맛에 잘 맞다.

나트륨 함량
낮추기

저염양념

저염식 섭취를 위해 짠맛을 줄이고 다른 맛을 적극 활용한다.

◦ 시원한 맛 국을 끓일 때 천연 재료를 사용해 깊고 시원한 육수를 내면 소금, 간장, 된장 등을 많이 넣지 않아도 충분히 맛있는 국물을 만들 수 있다.
대표 재료 | 멸치, 다시마, 건새우, 무, 가쓰오부시, 건표고버섯, 북어 대가리

◦ 고소한 맛 나물 등 음식을 무칠 때 고소한 맛이 나는 기름이나 견과류 등을 적절하게 활용하면 따로 간을 하지 않아도 된다.
대표 재료 | 참기름, 들기름, 참깨, 들깨, 검은깨, 땅콩, 잣

◦ 단맛 단맛을 주는 양념들은 짠맛을 원하는 혀의 욕구를 상쇄시키는 데 좋다. 설탕은 되도록 비정제, 유기농, 원당 등 좋은 설탕을 사용한다. 단, 당뇨 환자와 같이 혈당 관리가 필요한 경우 단맛을 내지만 혈당은 올리지 않는 인공 감미료를 사용한다.

대표 재료ㅣ설탕, 올리고딩, 꿀, 조청, 미림

•**신맛**

신맛은 입맛을 돋우고 짠맛에 대한 욕구를 줄여준다. 새콤한 맛
을 살린 수제 피클은 개운한 맛으로 김치 대신 먹기 좋다.
대표 재료ㅣ식초, 레몬즙, 매실청, 유자

•**매운맛**

매운맛은 자극적인 맛을 내 심심하게 간이 된 음식이라도 맛있
게 먹을 수 있도록 도와준다. 단, 너무 매운 음식은 위상에 무리
를 줄 수 있으므로 적정량을 사용한다.
대표 재료ㅣ고춧가루, 파, 양파, 생강, 마늘, 후추

•**향긋한 맛**

향긋한 향을 살리고 여러 약리 작용까지 챙기는 다양한 허브를
이용하자. 독특한 향을 내는 향미 채소를 적극 활용하는 게 좋다.
대표 재료ㅣ허브(바질, 파슬리, 오레가노, 로즈메리, 민트 등), 월계
수잎, 미나리, 쑥갓, 고수

저염장

*** 저염고추장 1**　　　준비하기 고춧가루 3큰술, 청국장가루 1큰술, 찹쌀풀(묽은 것) 4
　　　　　　　　　큰술, 매실청 2큰술, 조청 4큰술, 천일염 조금(생략 가능)
　　　　　　　　　만들기 불린 찹쌀을 곱게 갈아 물과 함께 끓여 묽은 풀을 쑤고
　　　　　　　　　식힌다. → 식힌 찹쌀풀에 고춧가루, 청국장가루, 매실청을 넣어
　　　　　　　　　섞는다. → 작은 냄비에 소량의 물을 붓고 끓인다. → 물이 끓으
　　　　　　　　　면 조청을 넣어 저어가며 졸인다. → 불을 끄고 살짝 식힌 다음
　　　　　　　　　찹쌀풀을 조금씩 부어가며 섞는다. → 원하는 간만큼 천일염을
　　　　　　　　　넣고 녹을 때까지 섞는다.

*** 저염고추장 2**　　　준비하기 고추장 2큰술, 고춧가루 1작은술, 배즙 3큰술, 토마토
　　　　　　　　　1/2개, 올리고당 1큰술, 사과식초 1작은술
　　　　　　　　　만들기 토마토의 껍질을 벗겨 푸드 프로세서에 넣고 곱게 간다.
　　　　　　　　　→ 팬에 토마토를 넣고 되직하게 졸인다. → 볼에 한 김 식힌 토
　　　　　　　　　마토와 나머지 재료를 넣고 섞는다.

*** 저염된장**　　　　준비하기 된장 5큰술, 들깻가루(거피한 것) 5큰술, 표고버섯 4개,
　　　　　　　　　들기름 1작은술, 물 3큰술
　　　　　　　　　만들기 잘게 다진 표고버섯을 들기름을 두른 팬에 넣고 볶는다.
　　　　　　　　　→ 물과 된장을 넣고 약불에서 볶는다. → 표고버섯이 익으면 들
　　　　　　　　　깻가루를 넣고 살짝 볶는다.

*** 저염간장**　　　　준비하기 양조간장 2컵, 양배추 1/4개, 다시마 2장, 미림 1컵, 콩
　　　　　　　　　삶은 물 1컵
　　　　　　　　　만들기 냄비에 콩 삶은 물과 양배추를 넣어 팔팔 끓인다. → 양
　　　　　　　　　배추가 물러지면 간장을 넣어 한소끔 끓이고 식힌 다음 체에 밭
　　　　　　　　　쳐 양배추를 거른다. → 유리병에 양배추를 걸러낸 간장, 미림,
　　　　　　　　　다시마를 넣고 냉장고에서 일주일간 숙성시킨다.

*** 저염쌈장**　　　　준비하기 된장 4큰술, 고추장 1큰술, 다진 마늘 2큰술, 꿀 1큰술,
　　　　　　　　　들깻가루 3큰술, 표고버섯가루 1큰술, 들기름 2큰술, 다진 쪽파 3
　　　　　　　　　큰술, 감자(작은 것) 1개
　　　　　　　　　만들기 감자를 삶아 곱게 으깬다. → 볼에 모든 재료를 넣어 섞

는다.

※바로 먹을 때는 쪽파 대신 양파를 넣어 만들 수 있다. 양파는 수분
이 많이 나오므로 조금씩 만들어 사용한다.

저염육수

깊고 진한 육수를 이용하면 부가적인 맛을 내기 위해 양념을 많이 넣는 것을 방지할 수 있
다. 여러 가지 재료들을 이용한 육수로 감칠맛이 풍부한 국물 베이스를 만들어 다양한 요
리에 활용하자. 일반적인 한식 육수는 해산물이나 육류를 우려 만들지만 채소와 비교했
을 때 상대적으로 나트륨 함량이 높다. 따라서 되도록 다양한 채소를 우려낸 채수를 이용
하되 황태나 멸치를 넣어 맛을 더하도록 한다. 채수나 육수를 우릴 때 청주를 넣으면 더욱
오래 보관할 수 있고 맛이 변하는 것도 방지해준다.

· 무
시원한 맛을 내는 데 탁월하다. 무에 들어 있는 특유의 녹말 분
해 효소는 음식의 소화 흡수를 촉진시키고, 풍부한 식물성 섬유
소는 장내 노폐물을 청소하는 역할을 한다. 어느 곳에 넣어도 잘
어울리는 은은한 향과 맛으로 육수의 가장 기본이 되는 재료다.

• 대파와 대파 뿌리

대파는 같이 요리하는 재료의 잡내뿐만 아니라 일정 기간 보관하면서 사용하는 채수의 잡내도 해결한다. 보통 대파의 줄기 부분만 사용하고 뿌리는 버리는 경우가 많은데 대파 뿌리를 깨끗이 세척해 채반에 담아 서늘한 그늘에서 말리면 유용하게 쓸 수 있다. 대파 뿌리는 방부 효과가 있어 채수를 좀 더 오래 보관하는 데 도움이 되기도 한다.

• 양파와 양파 껍질

깔끔한 맛을 내는 데는 양파가 최고다. 각종 성인병 예방에 탁월한 효과를 지녔다는 양파 껍질까지 함께 국물로 우려내면 잡내를 잡고 구수한 향미를 더할 수 있다. 양파를 우리면 개운하고 깔끔하고 건강한 천연 단맛이 난다.

• 표고버섯

표고버섯은 깊게 우릴수록 더욱 은은한 향이 난다. 표고버섯을 통째로 써도 좋지만 보통 갓 부분만 쓰고 기둥은 잘 쓰지 않으므로 버려지는 기둥 부분을 활용해도 좋다. 생표고버섯을 손질할 때 기둥 부분을 모아 채반에 담고 서늘한 그늘에서 적당히 말려 수분을 날린다. 채수를 만들 때 기둥 3~4개를 넣어 우리거나 각종 국물 요리에 바로 넣어 요긴하게 사용할 수 있다. 건표고버섯에는 현대인에게 부족한 비타민D가 풍부하므로 햇빛에 잘 말린 표고버섯도 적극 활용한다.

• 다시마

감칠맛을 더해줄 때 가장 빛을 발하는 재료다. 다시마 겉면의 흰 가루는 감칠맛을 내주는 만니톨 성분 중 하나라서 씻어내지 말고 그냥 사용하는 게 좋다. 다시마 10×10cm 1장을 젖은 행주로 닦아 찬물 5컵에 30분 정도 담가뒀다가 그 물을 끓인다. 끓기 시작하면 다시마를 건져낸다. 다시마를 오래 끓이면 국물이 탁하고 끈끈해지므로 주의한다. 감칠맛이 좋아 전골이나 조림, 생선 요리 등에 넣으면 좋다.

• 북어 대가리, 황태채

통북어를 활용해서 진한 육수를 내거나 요리에 쓰고 남은 북어 대가리나 황태채를 활용한다. 구수한 국물이 많이 우러나고 깊고 진한 기본 육수 맛을 내는 데 도움이 된다. 바싹 말린 상태로 보관한 북어 대가리를 마른 팬에서 볶아 오랜 시간 끓여내면 국물 요리의 훌륭한 밑국물로 사용할 수 있다. 나물볶음이나 조림 요리에 1~2숟가락씩 넣어 감칠맛을 더해도 좋다.

* **뿌리채소 (우엉, 연근, 토란 등)**

뿌리채소는 단백질 함량이 높고 식이 섬유, 비타민, 철분, 칼슘이 풍부하다. 또한 이뇨 작용을 촉진시켜 체내 독소 배출을 돕는 해독 음식으로 알려져 있다. 평소에 따로 요리해서 먹기도 하지만 육수에 넣어 오롯이 우려내면 땅속의 기운을 듬뿍 받고 자란 뿌리채소의 영양분을 효과적으로 섭취할 수 있다. 특유의 향이 은은하게 퍼져 맑은 국물 요리에 잘 어울린다.

* **멸치, 건새우, 솔치(새끼청어), 게 다리, 조개**

해산물을 이용하면 시원하고 깊은 국물 맛을 낼 수 있으나 해산물 특유의 짠맛으로 나트륨 함량이 높아질 수 있다. 멸치육수로 요리한 경우에는 따로 소금간을 하지 않아도 괜찮을 만큼 삼삼하게 간이 맞다. 멸치는 내장과 대가리를 떼고 마른 팬에서 볶은 후 사용하면 비린 맛을 없앨 수 있다. 보통 건새우, 멸치 등을 많이 넣으면 맛은 풍부해질지언정 나트륨 함량이 높아지므로 적당량을 사용하도록 신경 써야 한다.

* **기타 육수 재료**

당근, 양배추, 브로콜리, 피망, 셀러리 등

토마토소스 & 땅콩버터
만들기

토마토소스

˚토마토의 효능   토마토는 100g당 20kcal로 칼로리가 매우 낮으면서 다양한 영양 성분을 갖고 있어 대표적인 다이어트 식품으로 꼽힌다. 칼륨의 함량이 굉장히 높아서 체내 나트륨을 배출하는 데 도움을 주기 때문에 고혈압 예방에 좋고 라이코펜, 베타카로틴, 루테인 등

의 물질은 항산화 작용을 하고 혈압을 낮춰주는 효과가 있다. 특히 토마토의 붉은색에 들어 있는 라이코펜은 강력한 항산화 작용을 하는데, 활성 산소를 제거하고 세포를 건강하게 함으로써 면역력을 높인다. 뿐만 아니라 토코페롤 성분은 노화 방지에, 펙틴 성분은 변비에 좋다. 이 밖에 피로와 스트레스 해소에도 탁월하다.

• 토마토소스

준비하기 | 토마토 6개, 양파 1개, 파프리카 1/2개, 올리브유 2큰술, 바질 4장, 로즈메리 2줄기, 월계수잎 2장, 소금 조금

만들기 | 토마토의 꼭지를 따고 밑부분에 십자로 칼집을 낸다. → 토마토를 끓는 물에 데쳐 껍질을 벗긴다. → 올리브유를 두른 팬에 잘게 다진 양파를 넣어 볶는다. → 양파가 투명해지면 잘게 다진 파프리카를 넣어 볶는다. → 토마토를 잘게 다져 넣고 약불에서 오랜 시간 볶는다. → 바질, 로즈메리, 월계수잎, 소금을 넣고 졸인다.

알아두기 | 시판 제품은 다양한 첨가물로 인해 칼로리와 나트륨 함량이 상당히 높은데, 수제 토마토소스는 나트륨의 양을 기호에 따라 조절할 수 있다. 신선한 토마토에 향긋한 허브를 더한 수제 토마토소스는 여러 요리에 두루 활용 가능하다. 냉동 보관하면 오래 두고 먹을 수 있다.

활용하기 | 라타투이(p.92), 에그인헬(p.96), 채식 피자(p.106), 저염야키소바(p.112), 라이스페이퍼라자냐(p.138), 미트캐서롤(p.142)

땅콩버터

준비하기
만들기

땅콩 4컵, 포도씨유 10~15큰술, 아가베시럽 3큰술
바닥이 두꺼운 팬에 땅콩을 넣고 약불에서 볶는다. → 푸드 프로세서에 땅콩을 넣고 간다. → 포도씨유를 조금씩 나눠 넣어가며 간다. → 아가베시럽을 넣어 섞는다.

※포도씨유로 점도를, 아가베시럽으로 당도를 조절한다.

활용하기　　　　　　땅콩버터오트밀에너지바(p.185), 크런치시나몬그래놀라(p.200)

병아리콩의
모든 것

병아리콩의 효능

이집트콩, 칙피라고도 불리는 병아리콩은 중동이 원산지로 지중해, 인도, 중앙아시아 등지
에서 많이 생산된다. 다양한 품종의 콩 가운데서도 병아리콩은 특히 콜레스테롤을 저하
시키는 기능이 뛰어나고 비타민B1, C, 칼슘, 철분 등 영양소가 풍부하다. 병아리콩에 들어
있는 아미노산의 일종인 아르기닌은 신진대사를 촉진시켜 지방 연소와 혈관 확장에 효능

이 있다. 병아리콩은 단백질 함량이 높고 지방질은 적기 때문에 고단백 다이어트 식품으로 각광받고 있다. 병아리콩으로 편향된 다이어트 식단에서 자칫 부족할 수 있는 단백질을 충분히 보충할 수 있다.

병아리콩의 활용

삶은 병아리콩은 밤처럼 고소해 그냥 먹어도 맛있다. 콩 비린내가 거의 없으므로 넉넉히 삶아서 냉장 보관했다가 샐러드, 수프 등 다양한 요리에 곁들이거나 간식으로 가볍게 먹으면 좋다. 포만감이 높아 체중 조절에도 그만이다.

병아리콩 삶는 법

준비하기	병아리콩 1컵, 물 적당량, 베이킹소다 1/2작은술
만들기	병아리콩을 분량의 2배 정도 양의 찬물에 담가 하룻밤 동안 불린다. → 병아리콩을 체에 밭쳐 물기를 제거하고 냄비에 베이킹소다와 함께 넣고 섞는다. → 냄비에 물 3컵을 넣고 중불에서 병아리콩이 익을 때까지 끓인다. → 표면에 뜨는 거품을 걷어내고 거품이 많이 생기면 약불로 줄인다. → 병아리콩이 익으면 불을 끄고 체에 밭쳐 물기를 제거한다. ※병아리콩을 엄지와 검지로 눌러봤을 때 부드럽게 부서지면 잘 익은 것이다.
알아두기	병아리콩의 껍질을 벗기면 더 부드러운 후무스를 만들 수 있으나 그냥 먹어도 무방하다. 신선도에 따라 익히는 시간에 차이가 있으며 압력솥을 이용하면 훨씬 빨리 익힐 수 있다.

°후무스

준비하기 | 병아리콩(삶은 것) 450g, 병아리콩 삶은 물 1~2컵, 올리브유 10큰술, 레몬즙 4큰술, 타히니소스 2큰술, 마늘 3톨

만들기 | 푸드 프로세서에 모든 재료를 넣고 병아리콩 삶은 물로 농도를 조절하며 간다.

※ 타히니소스 만드는 법은 p.226을 참조한다.

※ 취향에 따라 소금을 넣는다.

알아두기 | 삶아서 으깬 병아리콩에 여러 가지 허브와 양념을 넣어 만든 소스로서 들어가는 허브와 양념의 종류에 따라 다양한 맛을 낼 수 있다. 질 좋은 올리브유를 넣어 되직하게 만들어 빵에 발라 먹거나 채소 등을 찍어 먹는 디핑소스 형태로 만든다. 만든 후무스는 냉장 보관하되 일주일 이내로 먹는다.

활용하기 | 오이후무스롤(p.44), 닭가슴살햄샌드위치(p.57), 프레시닭안심샌드위치(p.79)

* **팔라펠** 알아두기ㅣ병아리콩으로 만든 반죽을 동그랗게 빚어 튀긴 음식
이다. 이렇게 만든 팔라펠은 플랫브레드에 각종 채소, 후무스 등
을 넣어 싸 먹거나 피타빵에 채소와 함께 넣어 샌드위치처럼 먹
기도 한다. 기름에 바삭하게 튀기는 것이 전통적인 조리법이지
만, 이 책에서는 조금 더 건강한 방법으로 기름을 덜 사용해 오븐
에 구운 팔라펠을 만드는 법을 소개한다. 기름 사용이 현저히 적
어 느끼하지 않으며, 겉은 바삭하고 속은 촉촉한 팔라펠을 즐길
수 있다.
활용하기ㅣ팔라펠펜네파스타(p.132), 팔라펠(p.154)

퀴노아 & 오트

퀴노아

• 효능

대표적인 슈퍼푸드로 알려진 퀴노아는 탄수화물 함량이 적고 칼로리가 낮아 다이어트 식품으로 주목받고 있다. 퀴노아는 다른 곡물에 비해 GI 지수가 낮은데, GI 지수가 낮으면 음식에 포함된 탄수화물이 체내에 천천히 흡수되어 상대적으로 몸속에 지방이 덜 쌓여 체중 감량 및 유지에 도움이 된다. 또한 나트륨이 거의 없고 글루텐 프리 식품이라 알레르기가 있는 사람이 섭취하는 데 제약이 없다. 퀴노아에는 9가지 필수 아미노산이 함유되어 있으며, 리놀레산 등의 불포화 지방산은 혈액 순환과 노화 방지에 효과가 있다. 더불어 콜레스테롤을 낮춰 동맥 경화와 같은 만성 질환을 예방하는 데도 효과적이다.

•활용

퀴노아를 쌀과 섞거나 단독으로 밥을 지어 먹거나 튀겨서 간식으로 먹거나 삶아서 샐러드에 넣어 먹을 수 있다. 또는 가루를 내 요리 곳곳에 넣어 다양하게 활용할 수도 있다.

※퀴노아를 활용한 레시피 : 생강단호박퀴노아샐러드(p.38), 연근샐러드(p.42), 채식 붓다볼(p.45), 퀴노아오이찹샐러드(p.46), 퀴노아샐러드타코(p.77), 퀴노아패티버거(p.78), 팔라펠(p.154)

오트 (귀리)

• 효능　　　　　고혈압, 동맥 경화, 심장병 등 각종 성인병 예방에 탁월한 효과가
　　　　　　　　있다.

• 활용　　　　　오트밀죽이나 요거트볼에 올려 먹는 등 긴편히게 먹을 수도 있
　　　　　　　　지만 오트밀크를 만들어 활용할 수도 있다.

• 오트밀크　　　준비하기(4컵 분량) | 오트(압착된 것) 1컵, 오트 불린 물 3컵, 꿀
　　　　　　　　(또는 아가베시럽이나 메이플시럽) 조금, 시나몬가루 조금
　　　　　　　　만들기 | 오트와 물을 1:1로 해서 반나절 이상 불린다. → 푸드 프
　　　　　　　　로세서에 불린 오트와 물을 넣고 간 다음 체에 내린다. → 기호
　　　　　　　　에 따라 꿀이나 시나몬가루를 뿌려 먹는다.
　　　　　　　　※ 시나몬스틱을 담갔다가 먹어도 좋다.
　　　　　　　　알아두기 | 압착된 오트 대신 통오트를 사용할 경우 오트를 잘 씻
　　　　　　　　어 팬에 물기를 날리며 한 번 볶은 다음 불린다. 이때는 오트 불
　　　　　　　　린 물 대신 생수를 사용한다. 만든 오트밀크는 냉장고에서 3~4
　　　　　　　　일 정도 보관 가능하다.
　　　　　　　　활용하기 | 프리타타(p.108), 고구마팬케이크(p.158), 통밀콘브레
　　　　　　　　드(p.167)

매일 다이어트 레시피

1판 1쇄 인쇄	2019년 3월 7일
1판 1쇄 발행	2019년 3월 21일
지은이	이정민
발행인	정욱
편집인	황민호
출판사업본부장	박종규
편집장	박정훈
책임편집	강경양
마케팅본부장	김구회
마케팅	이상훈 김학관 김종국 반재완 이수정 임도환
국제판권	이주은
제작	심상운
발행처	대원씨아이㈜
주소	서울특별시 용산구 한강대로15길 9-12
전화	(02)2071-2094
팩스	(02)749-2105
등록	제3-563호
등록일자	1992년 5월 11일
ISBN	979-11-6412-577-7 13590